自然灾害救援现场危险化学品安全评估概论

主　　编　陆明勇　赵晓霞　高博伟

参　　编　张玮晶　李亦纲　韩　珂　张平法　刘　亢　王建平　李　静　冯　军　许建华　杜晓霞　李红光　王念法　张　媛　于敬泽　朱笑然　刘　军　张裕彬

应急管理出版社

·北　京·

图书在版编目（CIP）数据

自然灾害救援现场危险化学品安全评估概论 / 陆明勇，赵晓霞，高博伟主编．-- 北京 ：应急管理出版社，2024．-- ISBN 978-7-5237-0594-0

Ⅰ．X43；TQ086．5

中国国家版本馆 CIP 数据核字第 20246LB897 号

自然灾害救援现场危险化学品安全评估概论

主　　编　陆明勇　赵晓霞　高博伟
责任编辑　郭玉娟
责任校对　赵　盼
封面设计　解雅欣

出版发行　应急管理出版社（北京市朝阳区芍药居 35 号　100029）
电　　话　010-84657898（总编室）　010-84657880（读者服务部）
网　　址　www．cciph．com．cn
印　　刷　中国电影出版社印刷厂
经　　销　全国新华书店

开　　本　787mm×1092mm $^{1}/_{16}$　**印张**　13 $^{1}/_{2}$　**字数**　264 千字
版　　次　2024 年 7 月第 1 版　2024 年 7 月第 1 次印刷
社内编号　20231353　**定价**　66．00 元

前 言

我国是世界上自然灾害最为严重的国家之一，灾害种类多、分布地域广、发生频率高、造成损失重。党的十八大以来，党中央、国务院高度重视防灾减灾抗灾救灾和安全生产工作。《“十四五”国家综合防灾减灾规划》中明确了国家防灾减灾的总体目标为：到2025年，基本建立统筹高效、职责明确、防治结合、社会参与、与经济社会高质量发展相协调的自然灾害防治体系；到2035年，基本实现自然灾害防治体系和防治能力现代化，重特大灾害防范应对更加有力有序有效。党的十九届五中全会把安全生产提升到全新高度，强调把安全发展贯穿国家发展的全过程和各领域，防范和化解影响我国现代化进程的各种风险，建设更高水平的平安中国。

危险化学品是指具有毒害、腐蚀、爆炸、燃烧、助燃、辐射等性质，对人体、设施、环境具有危害的剧毒化学品和其他化学品。目前我国是全球规模最大的危险化学品生产经营国家，约有21万家单位，涉及2800多个种类，从业人员超过百万人。我国自然灾害引发的危险化学品事故时有发生，自然灾害叠加下的危险化学品事故，具有发生突然、扩散迅速、持续时间长、涉及面广、多种危害并存、危害大、处置难度大等特点，使自然灾害救援以及应急处置体系建设面临严峻挑战。例如2008年四川汶川8.0级地震发生后，装载600 t航空汽油的货物列车被地震滑坡堵在隧道内，汽油泄漏并发生火灾，大火持续燃烧近9天，造成重大经济损失的同时严重阻碍了震后救援工作的开展；2016年江苏盐城阜宁、射阳两县遭遇特大龙卷风冰雹灾害，最大风力超过17级，阜宁县的阿特斯协鑫阳光电力科技有限公司近4万 m^2 厂房坍塌，厂区内狼藉不堪，车间内存放有16种危险化学品，安全处置耗时3天，迟滞了灾害救援行动的有效快速开展。

与一般危险化学品事故现场相比，自然灾害救援现场危险化学品事故环境更加复杂多变、风险更加严重、危害性更大，严重阻碍灾害救援行动的安全快速开展。一是自然灾害存在持续发生的可能，存在新增或扩大危险化学品安全风险；二是旨在防止或减轻危险化学品事故的安全设备可能会在自然灾害中受损，安全风险增大；三是自然灾害中受损的建筑物以及无法撤离的被困人员，限制了危险化学品安全处置作业空间，对处置措施安全性和时效性提出了更高的要求；四是自然灾害常常造成交通、通信等基础设施破坏、道路阻断，严重阻碍应急处置力量、装备物资的调度。因此，自然灾害救援现场危险化学品安全评估工作需要克服一般危险化学品安全评估工作中前所未有的困难，极具挑战性。

安全评估是对被评估对象可能存在的危险、有害因素进行识别与分析，判断其发生的可能性及严重程度，提出处置对策与建议。自然灾害救援现场危险化学品安全评估是侦检危险化学品浓度及其变化、监测气象水文等变化、识别自然灾害救援现场危险化学品事故危险因素、评估其安全状态。所以，自然灾害救援现场危险化学品安全评估是自然灾害救援、危险化学品事故处置等行动的先导性工作。安全评估是否准确，提出的处置对策与措施是否可行及是否得当等，将直接影响后续行动的有效开展，是应急处置工作中极其重要而又艰巨的任务，具有重要意义。

自然灾害救援现场危险化学品安全评估工作是一项综合性工作，安全评估人员快速准确地完成自然灾害救援现场危险化学品安全评估任务，不仅需要广泛扎实的理论知识，而且需要丰富的实战经验以及具有良好的分析与解决问题能力。《自然灾害救援现场危险化学品安全评估概论》一书着力解决自然灾害救援现场危险化学品安全评估基础性、源头性问题，提供具有针对性、实操性的危险化学品安全处置对策与措施。本书汇集了自然灾害救援现场危险化学品安全评估领域相关知识、实践经验，包括自然灾害及其救援现场、危险化学品及其事故、危险化学品安全评估装备、危险化学品安全评估能力、危险化学品侦检、危险化学品安全评估、危险化学品处置对策与措施、危险化学品事故调查、危险化学品安全防范与应急对策以及常用危险化学品处置等。本书可作为自然灾害救援现场危险化学品安全评估人员以及其他应急处置人员的培训教材和工具书；对于建设自然灾害和安全生产事故应急救援队伍，提高相关领域特别是基层人员应急管理、应急处置水平等具有指导意义；为防范化解系统性安全风险，遏制重特大事故发生，维护人民群众生命财产安全提供参考。

本书在编写过程中，得到了应急管理部危险化学品安全监督管理一司裘凯栋、中国消防救援学院宁占金教授、北京工业大学钱新明教授、中国农药工业协会王学文教授级高级工程师、中国地震台网中心牛安福研究员、北京市地震局邢成起研究员、中国地震局第一监测中心罗三明研究员、天津市地震局邵永新研究员、应急管理部国家自然灾害防治研究院闻明副研究员、中国化学品安全协会稽超高级工程师以及盐城市消防救援支队、阜宁县消防救援大队、阿特斯协鑫阳光电力科技有限公司、编者单位（中国地震应急搜救中心）领导同事的关心、帮助、支持和指导，并提出了宝贵意见与建议，在此深表感谢！

《自然灾害救援现场危险化学品安全评估概论》一书内容涉及面广、专业性强，由于编者水平有限，疏漏、不妥或错误之处在所难免，敬请各位读者批评指正并提出宝贵意见（zhaoxx@ lreis. ac. cn，lmy9988@ 163. com）。

编　者

2024 年 5 月

目 录

1 自然灾害及其救援现场

自然灾害的发生给人类生命财产、社会功能和生态环境等造成了严重损害，是我们不得不面对的灾害。如2022年全年，我国各种自然灾害共造成1.12亿人次受灾，因灾死亡失踪554人，紧急转移安置242.8万人次；倒塌房屋4.7万间，不同程度损坏79.6万间；农作物受灾面积12071.6千公顷；直接经济损失2386.5亿元①。纵观人类的发展历史可以看出，人类发展史就是人类不断与自然灾害作斗争的历史，了解自然灾害及其救援现场基本知识，有利于我们同自然灾害作斗争。

1.1 自然灾害定义及分类

1.1.1 自然灾害定义

自然灾害是由自然因素引起并造成人类生命财产、社会功能和生态环境等损害的事件或现象，如地震、海啸、滑坡、泥石流、洪涝、台风、暴雨、火山喷发及森林灾害等。

1.1.2 自然灾害分类

自然灾害涉及面广、影响因素多，不同分类方法其结果不尽相同，如国家科委国家计委国家经贸委自然灾害综合研究组将自然灾害分为八大类：气象灾害、海洋灾害、洪涝灾害、地质灾害、地震灾害、农作物生物灾害、森林生物灾害和森林火灾。国家标准《自然灾害分类与代码》（GT/T 28921—2012）中，将自然灾害分为5类（气象水文灾害、地质地震灾害、海洋灾害、生物灾害、生态环境灾害）、40种，见表1-1。

表1-1 自然灾害分类表

灾型	灾种	含　义
气象水文灾害（由于气象和水文要素的数量或强度、时空分布及要素组合的异常，对人类生命财产、生产生活和生态环境等造成损害的自然灾害）	干旱灾害	因降水少、河川径流及其他水资源短缺，对城乡居民生活、工农业生产以及生态环境等造成损害的自然现象
	洪涝灾害	因降雨、融雪、冰凌、溃坝（堤）、风暴潮等引发江河洪水、山洪泛滥以及渍涝等，对人类生命财产、社会功能等造成损害的自然灾害

① 中华人民共和国应急管理部．应急管理部发布2022年全国自然灾害基本情况［R/OL］.（2023-01-13）［2023-08-25］. https：//www. mem. gov. cn/xw/yjglbgzdt/202301/t20230113_440478. shtml.

表 1-1（续）

灾型	灾种	含　义
气象水文灾害（由于气象和水文要素的数量或强度、时空分布及要素组合的异常，对人类生命财产、生产生活和生态环境等造成损害的自然灾害）	台风灾害	热带或副热带洋面上生成的气旋性涡旋大范围活动，伴随大风、暴雨、风暴潮、巨浪等，对人类生命财产造成损害的自然灾害
	暴雨灾害	因每小时降雨量 16 mm 以上，或连续 12 h 降雨量 30 mm 以上，或连续 24 h 降雨量 50 mm 以上的降水，对人类生命财产造成损害的自然灾害
	大风灾害	平均或瞬时风速达到一定速度或风力的风，对人类生命财产造成损害的自然灾害
	冰雹灾害	强对流天气控制下，从雷雨云中降落的冰雹，对人类生命财产和农业生物造成损害的自然灾害
	雷电灾害	因雷雨云中的电能释放、直接击中或间接影响到人体或物体，对人类生命财产造成损害的自然灾害
	低温灾害	强冷空气入侵或持续低温，使农作物、动物、人类和设施因环境温度过低而受到损伤，并对生产生活等造成损害的自然灾害
	冰雪灾害	因降雪形成大范围积雪、暴风雪、雪崩或路面、水面、设施凝冻结冰，严重影响人畜生存与健康，或对交通、电力、通信系统等造成损害的自然灾害
	高温灾害	由较高温度对动植物和人体健康，并对生产和生态环境造成损害的自然灾害
	沙尘暴灾害	强风将地面尘沙吹起使空气混浊，水平能见度小于 1 km，对人类生命财产造成损害的自然灾害
	大雾灾害	近地层空气中悬浮的大量微小水滴或冰晶微粒的集合体，使水平能见度降低到 1 km 以下，对人类生命财产特别是交通安全造成损害的自然灾害
	其他气象水文灾害	除上述灾害以外的气象水文灾害

表 1-1（续）

灾型	灾种	含义
地质地震灾害（由地球岩石圈的能量强烈释放剧烈运动或物质强烈迁移，或是由长期累积的地质变化，对人类生命财产和生态环境造成损害的自然灾害）	地震灾害	地壳快速释放能量过程中造成强烈地面振动及伴随的地面裂缝和变形，对人类生命安全、建（构）筑物和基础设施等财产、社会功能和生态环境等造成损害的自然灾害
	火山灾害	地球内部物质快速猛烈地以岩浆形式喷出地面，造成生命和财产直接遭受损失，或火山碎屑流、火山岩浆流、火山喷发物（包括火山碎屑和火山灰）及其引发的泥石流、滑坡、地震、海啸等对人类生命财产、生态环境等造成损害的自然灾害
	崩塌灾害	陡崖前缘的不稳定部分主要在重力作用下突然下坠滚落，对人类生命财产造成损害的自然灾害
	滑坡灾害	斜坡部分岩（土）体主要在重力作用下发生整体下滑，对人类生命财产造成损害的自然灾害
	泥石流灾害	由暴雨或水库、池塘溃坝或冰雪突然融化形成强大的水流，与山坡上散乱的大小块石、泥土、树枝等一起相互充分作用后，在沟谷内或斜坡上快速运动的特殊流体，对人类生命财产造成损害的自然灾害
	地面塌陷灾害	因采空塌陷或岩溶塌陷，对人类生命财产造成损害的自然灾害
	地面沉降灾害	在欠固结或半固结土层分布区，由于过量抽取地下水（或油、气）引起水位（或油、气）下降（或油、气田下陷）、土层固结压密而造成的大面积地面下沉，对人类生命财产造成损害的自然灾害
	地裂缝灾害	岩体或土体直达地面的线状开裂，对人类生命财产造成损害的自然灾害
	其他地质地震灾害	除上述灾害以外的地质灾害

表 1-1（续）

灾型	灾种	含　　义
海洋灾害（海洋自然环境发生异常或激烈变化，在海上或海岸发生的对人类生命财产造成损害的自然灾害）	风暴潮灾害	热带气旋、温带气旋、冷风等强烈的天气系统过境所伴随的强风作用和气压骤变引起的局部海面非周期性异常升降现象造成沿岸涨水，对沿岸人类生命财产造成损害的自然灾害
	海浪灾害	波高大于 4 m 的海浪对海上航行的船舶、海洋石油生产设施、海上渔业捕捞和沿岸及近海水产养殖业、港口码头、防波堤等海岸和海洋工程等造成损害的自然灾害
	海冰灾害	因海冰对航道阻塞、船只损坏及海上设施和海岸工程损坏等造成损害的自然灾害
	海啸灾害	由海底地震、火山爆发和水下滑坡、塌陷所激发的海面波动，波长可达几百公里，传播到滨海区域时造成岸边水位陡涨，骤然形成“水墙”，吞没良田和城镇村庄，对人类生命财产造成损害的自然灾害
	赤潮灾害	海水中某些浮游生物或细菌在一定环境条件下，短时间内爆发性增殖或高度聚集，引起水体变色，影响和危害其他海洋生物正常生存的海洋生态异常现象，对人类生命财产、生态环境等造成损害的自然灾害
	其他海洋灾害	除上述灾害之外的其他海洋灾害
生物灾害（在自然条件下的各种生物活动或由于雷电、自然等原因导致的发生于森林或草原，有害生物对农作物、林木、养殖动物及设施造成损害的自然灾害）	植物病虫害	致病性微生物或害虫在一定环境下爆发，对种植业或林业等造成损害的自然灾害
	疫病灾害	动物或人类由微生物或寄生虫引起突然发生重大疫病，且迅速传播，导致发病率或死亡率高，给养殖业生产安全造成严重危害，或者对人类身体健康与生命安全造成损害的自然灾害
	鼠疫	害鼠在一定环境下爆发或流行，对种植业、畜牧业、林业和财产设施等造成损害的自然灾害
	草害	杂草对种植业、养殖业或林业和人体健康等造成严重损害的自然灾害
	赤潮灾害	海水中某些浮游生物或细菌在一定环境条件下，短时间内爆发性增殖或高度聚集，引起水体变色，影响和危害其他海洋生物正常生存的海洋生态异常现象，对人类生命财产、生态环境等造成损害的自然灾害

表 1-1（续）

灾型	灾种	含　　义
生物灾害（在自然条件下的各种生物活动或由于雷电、自然等原因导致的发生于森林或草原，有害生物对农作物、林木、养殖动物及设施造成损害的自然灾害）	森林/草原火灾	由于雷电、自然或在一定有利于起火的自然背景条件下由人为原因导致的，发生于森林或草原，对人类生命财产、生态环境等造成损害的自然灾害
	其他生物灾害	除上述灾害之外的其他生物灾害
生态环境灾害（由于生态系统结构破坏或生态失衡，对人地关系和谐发展和人类生存环境带来不良后果的自然灾害）	水土流失灾害	在水力等外力作用下，土壤表层及其母质被剥蚀、冲刷、搬运而流失，对水土资源和土地生产力造成损害的自然灾害
	风蚀沙化灾害	由于大风吹蚀导致天然沙漠扩张、植被破坏和沙土裸露等，导致土壤生产力下降和生态环境恶化的自然灾害
	盐渍化灾害	易溶性盐分在土壤表层积累的现象或过程对土壤和植被造成损害的灾害
	石漠化灾害	在热带、亚热带湿润、半湿润气候条件和岩溶及其发育的自然背景下，因地表植被遭受破坏，导致土壤严重流失，基岩大面积裸露或砾石堆积，使土地生产力严重下降的灾害
	其他生态环境灾害	除上述灾害之外的其他生态环境灾害

1.2　自然灾害特点

1.2.1　广泛性与区域性

一方面是指自然灾害的分布范围很广，只要有人类活动的区域，自然灾害就可能发生；另一方面是指自然灾害受自然环境影响，自然环境具有区域性，即自然灾害具有区域性。

1.2.2　频繁性和不确定性

全世界每年发生的大大小小的自然灾害非常多。近几十年来，自然灾害的发生次数呈现出增加趋势；而自然灾害发生的时间、地点和规模等具有不确定性，又在很大程度上增加了人们抵御自然灾害的难度。

1.2.3　周期性和不重复性

在自然灾害中，无论是地震还是干旱、洪涝等，它们的发生都呈现出一定的周期性。自然灾害的不重复性主要是指灾害发展过程、损害结果的不可重复性。

1.2.4 联系性

自然灾害之间具有联系，一方面是指区域灾害之间具有联系，如南美洲西海岸发生“厄尔尼诺”现象，有可能导致全球气象紊乱；另一方面是指灾害之间具有联系，即某些自然灾害可以互为条件，形成灾害群或灾害链，如火山活动可以导致火山爆发、冰雪融化、泥石流、大气污染等一系列灾害群或灾害链。

1.2.5 破坏性

据统计，全球每年发生可记录的地震约500万次，其中有感地震约5万次，破坏性地震近千次，造成惨重损失的7级以上的强烈地震约18次；干旱、洪涝两种灾害造成的经济损失也十分严重，全球每年可达数百亿美元损失。

1.2.6 不可避免性和可减轻性

地球在运动、物质在变化以及人类存在，自然灾害就不可能消失，即自然灾害是不可避免的；可减轻性即在越来越广阔的范围内人类开展防灾减灾行动，采取避害趋利、除害兴利、化害为利、害中求利等措施，最大限度地减轻灾害损失。

1.3 自然灾害救援

1.3.1 自然灾害救援概念和内涵

自然灾害救援是针对突发、具有破坏力的自然灾害紧急事件采取预防、准备、响应和恢复的活动与计划。根据紧急事件的不同类型，分为卫生应急、交通应急、消防应急、地震应急、厂矿应急、家庭应急等领域的救援。

（1）预防：首先是减少灾害发生的概率，其次如灾害已经发生，减轻灾害、灾难造成的危害。

（2）准备：一是制定各种类型的应急预案，二是设法增加灾害发生时可调用的资源。

（3）响应：一是为灾民提供各种各样的救助，二是开展救援行动并防止二次伤害发生，三是及时收集灾情。

（4）恢复：一是软件恢复，包括生产秩序、生活秩序、社会秩序，二是硬件重建，包括路、水、电等。

因此，自然灾害救援是一项复杂的系统工程，不仅涉及应急，还涉及救援、交通、预测监控、调度指挥、医疗、气象等诸多领域，牵扯部门众多，需要通过顶层设计，使有限的资源发挥更大的作用。

1.3.2 自然灾害救援目的

自然灾害救援是国内外开展的一项社会性减灾救灾工作，受到人们的普遍关注与重视。自然灾害救援是根据预先制定的应急处理方法和措施对自然灾害进行应急处置，一旦自然灾害发生，做到临变不乱，高效、迅速做出应急反应，尽可能减小自然灾害对生命、财产和环境造成的危害。因此，灾害救援的目的是快速高效地拯救生命，减少财产损失，防止灾害危害的蔓延与扩大。

1.3.3 自然灾害救援原则

自然灾害救援原则是一切救援活动开展必须遵循的准则，是安全快速有效进行救援工作的保障。

1. 人道救援原则

灾害救援，尊重生命，救人是第一位的，灾害救援应以抢救生命为首要任务。国际红十字会行动原则较好地体现了灾害救援中应该遵守的人道准则，在灾害救援中应该贯彻并落实好国际红十字会行动原则。

2. 快速反应原则

快速反应原则在灾害救援工作中占重要地位，是灾害救援工作的出发点和归宿。灾害发生后应立即开始救援行动，及时、迅速是救援的基本原则，如一般认为地震灾害救援的最佳时机是震后 72 h，即 3 天时间，而泥石流灾害生命救援最佳的时间更短。

3. 安全救援原则

安全救援原则一方面是指在救援过程中尽量保证被救者安全，避免造成二次或更大伤害；另一方面是保证救援者安全，包括救援队伍整体安全、设备安全、器械安全等。因此，在灾害救援中要牢固树立安全原则，救人第一，施救者要善于保护自己，这是现代救援理念的基本观点。

4. 救援互补原则

自然灾害特别是大灾造成灾区自身社会基础设施如交通、供水供电、能源、通信等设施被摧毁。外界的救援力量进入困难，且需要一定时间才能到达。灾后初期救援必须也只能靠灾区群众的自救互救，而专业救援队伍必须尽快抵达灾区，减小灾害损失、拯救更多的生命。

5. 区域救援原则

自然灾害的发生具有地域特点，灾害救援应以区域为基础。跨区域救援存在时效、人流、物流等多方面问题，只能是补充和支援。当中小灾害本区救援力量能够良好运行时，救援应以本区救援体系为主。如果本区救援体系被破坏或力量不足，不能完成救援任务时，应立即启动外部救援力量及时支援。

6. 科学救援原则

灾害救援具有专业性、技术性强等特点，要遵守科学救援原则。在救援现场，首先要评估救援现场安全性，包括评估建筑结构稳定性和二次倒塌的可能性、水电气设施和危险化学品安全性、内部空气状况等。在充分考虑搜救人员安全、搜救难度、搜救时间、幸存者生存可能等因素的基础上，正确制定救援方案，确定搜索路线、方法，对救援现场进行支撑加固、创造安全通道并开展救援。

7. 分级救护原则

分级救护原则是指在出现批量伤害者且救护环境不稳定、救护力量有限的情况下，将伤害者救护活动分工、分阶段、连续组织实施的保障原则。分为三级救护，即现场抢救、早期救治、专科治疗等。

8. 灾害准备原则

灾后快速有效的救援行动以平时的充分准备和训练为基础，灾前准备重于灾后行动。应重视灾前准备，如救援预案制定、救援队伍训练、救援物资储备、群众防灾减灾知识普及和演练等。

1.4 自然灾害救援现场定义及分类

1.4.1 自然灾害救援现场定义

自然灾害救援现场是指自然现象给人类生存带来危害或者损害人类生活环境的救援场所。我国幅员辽阔，地形复杂、气候变化大，影响自然灾害救援现场的因素复杂多变。

1.4.2 自然灾害救援现场分类

自然灾害救援现场可以依据不同标准进行分类。如根据人口分布、经济发展水平等因素，自然灾害救援现场可以分为城市灾害救援现场、乡镇灾害救援现场、山野灾害救援现场等；根据地形地貌特征，自然灾害救援现场可以分为平原灾害救援现场、丘陵灾害救援现场、山地灾害救援现场、高原灾害救援现场、雪山灾害救援现场、沙漠灾害救援现场、水域灾害救援现场等。一种灾害可以涉及多种类型灾害救援现场。

1.4.2.1 按人口分布和经济发展水平分类

1. 城市灾害救援现场

城市自然灾害特点是影响范围广、损失重、救援难度大、易发生次生灾害。城市灾害救援现场混乱，各种破坏触目惊心，求救声不断，存在房屋倒塌、桥梁断裂、街道阻塞、生命线工程破坏、通信中断等，火灾、危化品泄漏和爆炸等次生灾害易发。因此，对于灾害救援现场应尽快制定应急救援方案并实施救援，恢复治安秩序，保障好灾民生活，尽快抢通街道、恢复通信和修复生命线工程，尽快恢复有序的救援状态和生活状态。

2. 乡镇灾害救援现场

相对城市灾害救援现场来说，在相同级别的灾害情况下，由于人口少、经济规模小，乡镇灾害救援现场破坏范围小、损失小、救援难度相对小，但灾害救援现场仍混乱，存在房屋倒塌、街道阻塞、生命线工程破坏等，火灾、危化品泄漏和爆炸等次生灾害也易发。所以，乡镇灾害救援现场主要任务包括：恢复治安秩序，救援受伤者，保障好灾民生活，尽快抢通街道、恢复通信和修复生命线工程。

3. 山野灾害救援现场

山野灾害救援现场主要为常住人口极少或无人居住的地区，工农业经济极其不发达或无工农业经济。灾害救援现场主要表现为由滑坡、泥石流、山洪等造成的道路中断、河流阻塞等，以及农作物灾害、森林灾害等。救援现场埋压人员少，乱石分布，农作物、森林植被破坏。救援人员难以从陆路到达救援现场，确保及时快速处置灾害，主要通过空中交通工具到达救援现场。

1.4.2.2 按地形地貌特征分类

1. 平原灾害救援现场

平原地区一般人口密集、工农业经济发达，即使是处于平原地区的乡镇，常住人口仍较多且经济发达。自然灾害救援现场表现为房屋倒塌、街道阻塞、生命线工程破坏、道路断裂、桥梁破坏、通信中断等，如果为气象灾害、海洋灾害、洪涝灾害等可能造成树木倒塌、洪水泛滥等。平原灾害救援现场救援难度相对较小、救援人员容易到达，但救援范围相对较广、影响救援安全因素较多，存在诸如危险化学品泄漏、爆炸等次生灾害。

2. 丘陵灾害救援现场

丘陵是指地球岩石圈表面形态起伏和缓，绝对高度在 500 m 以内，相对高度不超过 200 m，由各种岩类组成的坡面组合体。丘陵灾害救援现场一般存在房屋倒塌、街道阻塞、道路断裂、桥梁破坏、通信中断、树木倒塌、洪水泛滥等。相对于山地灾害救援现场，该救援现场虽然存在道路断裂、桥梁破坏等，但救援人员可以迂回到达救援现场。

3. 山地灾害救援现场

山地灾害救援现场主要存在房屋倒塌、道路断裂、桥梁破坏、滑坡、泥石流、河道阻塞、塌方等，此外还存在山地灾害救援现场特有的堰塞湖、救援孤岛等。山区地形复杂，自然灾害导致交通阻塞，救援人员迂回绕行困难，大型救援设备难以到达，救援难度较大。如 2008 年发生在龙门山区的汶川 8.0 级地震，造成道路断裂、山体塌方、河流阻断等，到达震中映秀花费较长时间，该地震是中国乃至世界上救援现场最复杂、救灾难度最大的地震之一。

4. 高原灾害救援现场

高原灾害救援现场海拔高，建筑结构特殊，经常出现暴雨、降雪、冰雹、沙尘暴等极端天气，易引发山体滑坡、泥石流等灾害，造成交通、水电、通信等基础设施、工程被破坏，救援力量难以第一时间赶赴现场开展救援行动，大型机械更是难以进入。同时，高原灾害救援区高寒缺氧、昼夜温差大，语言不通导致交流难度大，为应急救援行动带来了巨大困难，提升高原地区应急救援能力，需结合高原地区救援现场特点。

5. 雪山灾害救援现场

雪山意为常年积雪的高山，一般海拔高，主要存在于我国西南地区的云南、四川、西藏等地。雪山发生的自然灾害主要有雪崩、泥石流、降雪、冰雹等，灾害现场存在交通中断、房屋毁坏、通信中断等。雪山灾害救援现场狭窄、高寒缺氧、救援难度大，如雪崩具有突然性、运动速度快、破坏力大等特点，能摧毁大片森林，掩埋房舍、交通线路、通信设施和车辆，甚至能堵截河流，引发临时性的涨水，此外还能引起山体滑坡、山崩和泥石流等严重的次生灾害。

6. 沙漠灾害救援现场

沙漠主要是指地面完全被沙所覆盖、植物非常稀少、雨水稀少、空气干燥的荒芜地区，其自然灾害类型主要包括地震、泥石流、洪涝、沙尘、冰雹等。沙漠灾害将造成交通、通信等中断，房屋毁损、人畜死伤等。救援现场具有范围广、基础设施差、人烟稀少、经济不发达、气候干燥、冬冷夏热、昼夜温差大等特点。因此，沙漠灾害救援难度较大，对救援人员身体素质要求较高。

7. 水域灾害救援现场

水域一方面指陆地水域和水利设施用地，另一方面指地球表面被各大陆地分隔为彼此相通的广大水域，即海洋。水域灾害突发性强、涉及灾种多，救援现场具有涉及面广、地形地貌复杂特别是水域面以下地形一般了解甚少或不了解、灾害损失重、救援难度大等特点，需要专业救援队及专业设备，已成为我国自然灾害应急救援中所面临的一个难点。

1.5 自然灾害救援现场特征

自然灾害发生后，抢救生命是抗灾救灾的首要任务，救援现场是战场。自然灾害救援现场种类多、形态多、影响因素多，各种灾害救援现场差异较大，如地震灾害、地质灾害、洪涝灾害等救援现场差别较大；同一灾害在不同区域所形成的救援现场也不同，如地震灾害在山区、小城镇、大城市等所造成的灾害以及救援现场是不同的。自然灾害救援现场特征主要包括以下几个。

1.5.1 破坏性、伤亡性

灾害救援现场的破坏性、伤亡性是指灾害造成建筑物、交通和通信设施等毁损以及人员伤亡，救援现场大部分具有这两种特性，或者具有其一。如 2019 年全年全国各种自然灾害共造成 1.3 亿人次受灾，909 人死亡失踪，12.6 万间房屋倒塌，直接经济损失达 3270.9 亿元①。灾害救援现场的破坏性、伤亡性等严重程度与灾种及其等级、经济发展水平、抗灾设防水平、人口密度、地形地貌等因素有关，如经济水平发展高、人口密度大的地区，遭受同等的自然灾害，其破坏性严重、影响范围广、伤亡损失大。

1.5.2 差异性

灾害救援现场的差异性指不同类型、不同区域和不同时段发生的灾害救援现场不同，如地震灾害、气象灾害、海洋灾害等灾害一般受灾范围大、破坏严重，而地质灾害、森林灾害等相对较小。相同地震发生在平原、丘陵、山区，其救援灾害现场不同，在平原地区大量建筑物损毁、人员伤亡大、财产损失大，救援现场成片，搜救人员容易到达；但山区灾害损失、伤亡可能小，救援现场分散、次生灾害重如滑坡、崩塌、泥石流等，造成救援现场形形色色、因地形而变，救灾难度大。

1.5.3 影响因素多

救援现场是灾害破坏造成的救援场所，由各种非生命物质及各种生命组成。非生命物质如建筑物、土石、生产生活物品及危险化学品等，生命包括人、家畜等。这些因素在不同灾害破坏力及地形地貌等因素参与下共同组成了救援现场，救援人员到达现场后，很多因素不知道，特别是生命因素，如有多少人、这些人在哪里、伤亡情况如何等。

1.5.4 受地形地貌影响

救援现场形态分布是指救援现场的分布严重受地形地貌影响，比如狭窄而长的两山之间的灾害救援现场形态分布受地形地貌影响较大，救援现场就是两山之间狭窄而长的区域，这种救援现场形态在西南山区特别多。在平原或丘陵地区救援现场形态分布受地形地貌影响较少，主要受建筑结构、建筑分布及人员分布等因素影响。如 2008 年汶川 8.0 级地震的重灾区北川老县城，该县城位于两山之间且有一小河穿过，县城就建在狭窄的、蜿蜒的河谷之中，灾害救援现场受地形地貌影响也如此分布。

1.5.5 安全隐患未知

抗灾救灾的目的是快速拯救生命和挽救财产损失，但救援现场存在诸如危险化学品泄漏、建筑物损坏倒塌、二次灾害发生等危及救援人员安全的因素，即救援现场存在安全隐患。在实施救援前必须对救援现场进行安全评估，如地震地质、建筑物结构、危险化学品等安全隐患方面的评估，以保证救援人员安全。如 2015 年深圳“12·20”山体滑坡和附近西气东输管道爆炸等次生灾害，造成 73 人遇难、4 人失踪、33 栋建筑物被埋或受损的重特大人员伤亡及财产损失；救援现场存在危险化学品，救援行动加强了卫生防疫管理，并对易燃、易爆危险品点源进行了监管。

---

① 中华人民共和国应急管理部．应急管理部公布 2019 年全国十大自然灾害［R/OL］.（2020-01-12）［2023-08-30］. https：//www. mem. gov. cn/xw/bndt/202001/t20200112_343410. shtml.

1.6 自然灾害救援现场构成及影响要素

1.6.1 自然灾害救援现场构成要素

自然灾害救援现场构成是指救援现场构成要素，可以从多方面进行分类。下面从两个方面对自然灾害救援现场构成要素进行分析。

1. 人类活动

根据自然灾害救援现场构成要素是否为人类活动结果，可以将其分为人类活动要素和非人类活动要素，如地形地貌等地理因素（包括河流、山地等）为非人类活动要素，是自然灾害救援现场构成的基本构架（单元）；而人类活动要素是在非人类活动要素的基础上创造的文明成果，包括道路桥梁、房屋等建筑物。该分类简单明了，但太笼统，无法体现救援目的。

2. 生命

按构成要素是否有生命可以将自然灾害救援现场构成要素分为生命体和非生命体。生命体是指可以运动、代谢等的物体，如人、动物等为生命体，是灾害救援的首要目标和对象。非生命体是除生命体以外的物质，如地形地貌、树木、道路桥梁、倒塌房屋、泥石流、滑坡、暴风雨等，虽然该物质不是救援的目标，但它严重影响、阻碍救援目标的实现，甚至是致灾体如泥石流、滑坡、暴风雨等本身为自然灾害。

因此，清楚了解自然灾害救援现场构成要素及其毁损情况，对于应急救援准备和救援方案制定至关重要。

1.6.2 自然灾害救援现场影响因素

自然灾害分为五大类，即气象水文灾害、地质地震灾害、海洋灾害、生物灾害、生态环境灾害等，共40种灾害。其中，气象水文灾害占整个自然灾害的90%，对人类造成损失最重的灾害是地震灾害。影响自然灾害救援现场的因素主要包括以下5个。

1. 灾变要素

灾变要素反映灾害活动程度，主要包括灾害种类、规模、强度、时间等，是灾害活动程度、范围等的内因。如地震灾害、地质灾害、森林灾害等在规模、分布等方面完全不同，一般情况下地震灾害最严重、森林灾害次之、地质灾害最小，其需要的救援力量也依次减少。灾害发生时间不同，其造成损失及现场也不同，如地震灾害若发生在白天，很多人在户外，人员伤亡大大减轻；若发生在晚上，绝大部分人在室内且处于休息状态，将造成严重伤亡。

2. 地形地貌

地形地貌是决定自然灾害救援现场展布的最主要因素之一，该因素通过影响房屋建筑、道路桥梁等修建的走向来制约自然灾害救援现场展布。如平原地区、山区以及是否有河流等，房屋建筑分布是不一样的，平原地区可能为摊大饼式分布、山区可能沿河谷分布以及山体、河流可以阻断发展或沿河流两边分布等，从而导致灾害救援现场展布不一样。因此，灾害救援现场具有一形一貌一变的特征。

3. 经济水平

经济水平决定一个地方的发展程度，决定房屋建筑、道路桥梁等多寡，从而影响在同等灾变要素情况下，灾害现场范围大小、严重程度，并决定了救援难度。如 2020 年夏天河南郑州一带遭受的特大暴雨袭击，使郑州及其附近地区洪涝成灾，郑州市与周围其他小城市或小镇灾害现场及损失不一样，郑州灾害范围大、损失大，这与其经济发展水平息息相关。

4. 人口密度

一般情况下，人口密度与经济水平呈正相关关系，但也存在差异，如中国存在一定的假日经济、迁移现象，造成节假日经济发展水平高的大城市，节假日人口密度明显下降，在此情况下发生灾害，造成的人员伤亡将大大减小，救援难度也有所降低。所以，灾害救援的首要目标——抢救生命与人口密度十分相关。

5. 设防状态

人类发展是同自然灾害不断斗争的结果，人们不断总结经验教训，提出了灾前设防、避险措施，如目前开展的柔韧城市建设中运用了相关研究成果。不同灾害的设防措施不同，如地震要求房屋建筑避开活动断层，按国家规定进行相应的抗震设防、安全评估并按要求建设，洪涝灾害在灾前需要疏通河道，城市需要超前建设防洪防涝设施等。这些措施大大降低了灾害损失，降低了救援现场救援难度，如地震时房屋建筑“小震不坏、中震可修、大震不倒”。

思　考　题

1. 自然灾害定义及分类是什么？
2. 自然灾害有哪些特点？
3. 自然灾害救援概念及救援原则是什么？
4. 自然灾害救援现场具有哪些特征以及如何分类？
5. 简述自然灾害救援现场的构成及影响要素。

2 危险化学品及其事故

危险化学品是特殊化学品，具有爆炸、易燃、毒害、腐蚀、放射性等危险特性，在运输、储存、生产、经营、使用和处置中，容易造成人身伤亡、财产毁损或环境污染。我国是自然灾害频发的国家，不仅自然灾害种类多，而且灾害损失重。自然灾害如地震、洪水、雷电、滑坡等可对危险化学品生产装置和储运设备造成毁损，引发危险化学品泄漏、爆炸等事故，甚至产生连锁反应或导致多起事故同时发生，严重威胁并迟滞自然灾害救援工作的顺利开展。因此，了解危险化学品及自然灾害造成的危险化学品事故的基本知识有助于处置自然灾害造成的危险化学品事故。

2.1 危险化学品定义及分类

2.1.1 危险化学品定义

不同的法律、法规、条例中对危险化学品的定义不同，但差别不大。依据《危险化学品安全管理条例》第三条的定义，危险化学品是指具有毒害、腐蚀、爆炸、燃烧、助燃、辐射等性质，对人体、设施、环境具有危害的剧毒化学品和其他化学品。危险化学品目录，由国务院安全生产监督管理部门会同国务院工业和信息化、公安、环境保护、卫生、质量监督检验检疫、交通运输、铁路、民用航空、农业主管部门，根据化学品危险特性的鉴别和分类标准确定、公布，并适时调整。

依据国家标准《危险货物分类和品名编号》（GB 6944—2012）中的定义，危险货物是指具有爆炸、易燃、毒害、腐蚀、放射性等危险特性，在运输、储存、生产、经营、使用和处置中，容易造成人身伤亡、财产毁损或环境污染而需要特别防护的物质和物品。

2.1.2 危险化学品分类

危险化学品依据不同的分类标准，分类结果不同。如根据危险化学品特性进行分类的《危险货物分类和品名编号》（GB 6944—2012）与根据危险化学品危险与危害进行分类的《危险化学品目录》（2022 年）是不同的，下面简单介绍。

1. 《危险货物分类和品名编号》（GB 6944—2012）分类

《危险货物分类和品名编号》（GB 6944—2012）主要是根据危险化学品特性进行分类，容易理解和记忆。《危险货物分类和品名编号》（GB 6944—2012）把危险化学品分为9类21种（表2-1）。

表2-1 危险化学品分类特征及标志简表

序号	名称	项　别	特　征	标　志
1	爆炸品	（1）有整体爆炸危险的物质和物品； （2）有迸射危险，但无整体爆炸危险的物质和物品； （3）有燃烧危险并有局部爆炸危险或局部迸射危险或这两种危险都有，但无整体爆炸危险的物质和物品； （4）不呈现重大危险的物质和物品； （5）有整体爆炸危险的非常不敏感物质； （6）无整体爆炸危险的极端不敏感物品	受到摩擦、撞击、振动、高热或其他能量激发后，产生剧烈的化学反应，并在极短时间内释放大量热量、气体而发生爆炸燃烧，爆炸性、不稳定性、敏感性、毒性是其特性	爆炸品 1
2	气体	（1）易燃气体，如乙炔、丙烷、氢气、液化石油气、天然气等； （2）非易燃无毒气体，如氧气、氮气、氩气、二氧化碳等； （3）毒性气体，如氯气、液氨、水煤气等	（1）临界温度≤－50 ℃的气体； （2）－50 ℃<临界温度≤65 ℃之间的高压液化气体； （3）临界温度高于65 ℃的低压液化气体。具有爆炸性、易燃性、毒性、刺激性、致敏性、腐蚀性、窒息性等特性	压缩气体 2
3	易燃液体	（1）低闪点液体（<－18 ℃），如乙醛、丙酮、乙酸甲酯等； （2）中闪点液体（－18～23 ℃），如苯、甲醇、乙醇等； （3）高闪点液体（23～61 ℃），如环辛烷、氯苯、苯甲醚、糠醛等	易燃液体闪点低，燃烧是通过其挥发的蒸气与空气形成可燃混合物，达到一定浓度后遇火源而实现的。具有易燃性、爆炸性、热膨胀性、挥发性、流动扩散性、易产生或积聚静电、有毒等特性	易燃液体 3

表 2-1（续）

序号	名称	项　别	特　征	标　志
4	易燃固体、自燃物品和遇湿易燃物品	（1）易燃固体：燃点低且速燃，散发有毒气体，如红磷等； （2）自燃物品：自燃点低，在空气中易于发生氧化反应，如黄磷等； （3）遇湿易燃物品：遇水或受潮发生剧烈反应，且燃烧或爆炸，如金属钠等	易被氧化，受热易分解或升华，遇火引起强烈、连续的燃烧；自燃点低，在空气中易于发生氧化反应且放出热量；遇水或受潮时，发生剧烈化学反应，且燃烧或爆炸。具有爆炸性、敏感性、有毒或腐蚀性、易被氧化、自燃点低、遇水或受潮时发生化学反应等特性	易燃固体 4 自燃物品 4 遇湿易燃物品 4
5	氧化性物质和有机过氧化物	（1）氧化性物质，如双氧水、高锰酸钾、漂白粉等； （2）有机过氧化物，含有过氧基（-O-O-）结构的有机物质，如过氧化物等	氧化性物质本身未必燃烧，通常因放出氧可能引起或促使其他物质燃烧；有机过氧化物属于不稳定物质，发生放热自行加速分解。特性是氧化性、不稳定性、爆炸性等	氧化剂 5 有机过氧化物 5
6	毒性物质和感染性物质	（1）毒性物质，是指经吞食、吸入或皮肤接触后可能造成死亡或严重受伤或健康损害的物质，如氰化钠、砒霜、部分农药等； （2）感染性物质，是指含有病原体，能引起病态甚至死亡的物质，如病菌、病毒等	毒性物质以小剂量进入机体，通过化学或物理作用能够导致健康受损的物质，剂量决定是否有毒。特性是毒性、腐蚀性、易燃性、挥发性、潮解性、传染性、危害健康等	剧毒品 6 感染性物质 6

表 2-1（续）

序号	名称	项　别	特　征	标　志
7	放射性物质	放射性物质是那些能自然地向外辐射能量、发出肉眼看不见的α、β、γ等射线，如金属铀、钚等	放射性物质含有放射性核素，是危险化学品之一；人和动物如果受到射线过量照射，会患放射性疾病。具有放射性、毒害性、不可抑制性、易燃性、氧化性等特性	放射性物质 7
8	腐蚀性物质	腐蚀性物质，是指腐蚀人体、金属和其他物质的物质，如盐酸、硫酸、硝酸、磷酸、甲醛溶液、氢氧化钠、氢氧化钾等	对人体、设备、建筑物、构筑物、车辆、船舶的金属结构等产生腐蚀和破坏作用。腐蚀性物质具有腐蚀性、毒害性、易燃性、易爆性等特性	腐蚀品 8
9	杂项危险品	杂项危险品，是指磁性物品、有麻醉、毒害或其他类似性质，能造成其他类别不包括的危险，如飞行机组人员情绪烦躁或不适，影响飞行任务正确执行，危及飞行安全的物品	由于其化学、物理或者毒性使其在生产、储存、装卸、运输过程中，容易导致火灾、爆炸或者中毒危险，可能引起人身伤亡、财产损害的物品。具有易燃、易爆、有毒等特性	杂项 9

2.《危险化学品目录》（2022 年）分类

《危险化学品目录》（2022 年）规定，危险化学品分为物理危险、健康危害、环境危害三大类、28 项危险或危害类（表 2-2）。该分类与《全球化学品统一分类和标签制度》（简称《GHS 制度》）一致，《GHS 制度》是由联合国发布的作为指导各国控制化学品危害和保护人类与环境的同一分类制度文件。

表 2-2 危险化学品分类表

序号	危险和危害类	类　别
1	物理危险	（1）爆炸物：不稳定爆炸物、1.1、1.2、1.3、1.4。 （2）易燃气体：类别 1、类别 2、化学不稳定性气体类别 A、化学不稳定性气体类别 B。 （3）气溶胶（又称气雾剂）：类别 1。 （4）氧化性气体：类别 1。 （5）加压气体：压缩气体、液化气体、冷冻液化气体、溶解气体。 （6）易燃液体：类别 1、类别 2、类别 3。 （7）易燃固体：类别 1、类别 2。 （8）自反应物质和混合物：A 型、B 型、C 型、D 型、E 型。 （9）自燃液体：类别 1。 （10）自燃固体：类别 1。 （11）自热物质和混合物：类别 1、类别 2。 （12）遇水放出易燃气体的物质和混合物：类别 1、类别 2、类别 3。 （13）氧化性液体：类别 1、类别 2、类别 3。 （14）氧化性固体：类别 1、类别 2、类别 3。 （15）有机过氧化物：A 型、B 型、C 型、D 型、E 型、F 型。 （16）金属腐蚀物：类别 1
2	健康危害	（1）急性毒性：类别 1、类别 2、类别 3。 （2）皮肤腐蚀/刺激：类别 1A、类别 1B、类别 1C、类别 2。 （3）严重眼损伤/眼刺激：类别 1、类别 2A、类别 2B。 （4）呼吸道或皮肤致敏：呼吸道致敏物 1A、呼吸道致敏物 1B、皮肤致敏物 1A、皮肤致敏物 1B。 （5）生殖细胞致突变性：类别 1A、类别 1B、类别 2。 （6）致癌性：类别 1A、类别 1B、类别 2。 （7）生殖毒性：类别 1A、类别 1B、类别 2、附加类别。 （8）特异性靶器官毒性-一次接触：类别 1、类别 2、类别 3。 （9）特异性靶器官毒性-反复接触：类别 1、类别 2。 （10）吸入危害：类别 1
3	环境危害	（1）危害水生环境：危害水生环境-急性危害：类别 1、类别 2；危害水生环境-长期危害：类别 1、类别 2、类别 3。 （2）危害臭氧层：类别 1

2.2 危险化学品特性

危险化学品是指具有毒害、腐蚀、爆炸、燃烧、助燃等性质，对人体、设施、环境具有危害的剧毒化学品和其他化学品，主要特性包括燃烧性、爆炸性、毒害性、腐蚀性、放射性。

2.2.1 燃烧性

爆炸品、气体中的可燃性气体、易燃液体、易燃固体、自燃物品、遇湿易燃物品、有机过氧化物等，在条件具备时均可能发生燃烧。

2.2.2 爆炸性

爆炸品、气体中的可燃性气体、易燃液体、易燃固体、自燃物品、遇湿易燃物品、氧化剂和有机过氧化物等危险化学品均可能由于其化学活性或易燃性而引发爆炸事故。

2.2.3 毒害性

许多危险化学品可通过一种或多种途径进入人体和动物体内，当其在人体累积到一定量时，便会扰乱或破坏机体的正常生理功能，引起暂时性或持久性的病理改变，甚至危及生命。

2.2.4 腐蚀性

强酸、强碱等物质能对人体、设备、构筑物、金属等造成损坏；接触人的皮肤、眼睛或肺部、食道等时，会引起表皮组织坏死而造成灼伤；内部器官被灼伤后可引起炎症，甚至会造成死亡。

2.2.5 放射性

放射性危险化学品通过放出的射线可阻碍和伤害人体细胞活动机能并导致细胞死亡。

2.3 危险化学品储存与运输

危险化学品储存与运输是危险化学品安全管理工作的主要内容，科学规范的储存与运输措施可以有效降低事故发生风险。根据危险化学品物理化学性质，危险化学品分为九大类，储存与运输措施如下。

2.3.1 爆炸品

爆炸品的特性主要表现为受到摩擦、撞击、振动、高热或其他能量激发后，能产生剧烈的化学反应，并在极短时间内释放大量热量和气体而发生爆炸性燃烧，爆炸性、敏感度是其特性，如硝铵炸药、梯恩梯等；同时一些爆炸品还具有毒性，如硝化甘油、雷汞等。

（1）爆炸品储存仓库必须选择在人烟稀少的空旷地带建立，与周围居民楼、工厂、企业等建筑物距离符合安全规范要求。

（2）库房应为单层建筑，周围须装设避雷针；库房要阴凉通风，远离火种、热源，防止阳光直射；一般库温控制在 15~30 ℃为宜，相对湿度一般控制在 65%~75%，易吸湿的硝铵炸药、导火索等爆炸品，其库房相对湿度不得超过 65%。

（3）库房内部照明应采用防爆型灯具，开关应设在库房外面。

（4）爆炸品储存期限应符合先进先出原则，防止变质失效；堆放各种爆炸品时，要求做到牢固、稳妥、整齐，防止倒垛，便于搬运，不得超量储存，最好铺垫 20 cm 左右的方木或垫板，绝不能用易产生火花的材料。

（5）爆炸品专库储存、专人保管、专车运输；严禁与氧化剂、自燃物品、酸、碱、盐类易燃可燃物、金属粉末和钢铁材料器具等混储混运；点火器材、起爆器材等爆炸品不得与炸药、爆炸性药品以及发射药、烟火等其他爆炸品混储混运。

（6）加强仓库检查，每天至少两次，查看温度、湿度是否正常，包装是否完整，库内有无异味、烟雾，发现异常立即处理；严防猫、鼠等小动物进入库房。

（7）装卸和搬运爆炸品时，必须轻装轻放，严禁摔、滚、翻、抛以及拖、拉、摩擦、撞击，以防引起爆炸；对散落的粉状或粒状爆炸品，应先用水润湿后，再用锯末或棉絮等柔软的材料轻轻收集，转移到安全地带处置；操作人员不准穿带铁钉的鞋和携带火柴、打火机等进入储存、装卸现场，禁止吸烟。

（8）严格管理，贯彻“五双管理制度”，即双人验收、双人保管、双人发货、双账本、双把锁。

（9）运输时必须经公安部门批准，按规定的行车时间和路线凭准运证方可起运；起运爆炸品的包装要完整，装载应稳妥，装车高度不可超过栏板，不得与酸、碱、氧化剂、易燃物等其他物品混装，车速应加以控制，避免颠簸、震荡；铁路运输禁止溜放。

2.3.2 气体

气体危险化学品一般可以分为压缩气体和液化气体。压缩气体是经过加压或降温，使气体分子间的距离大大缩小而被压入钢瓶中并始终保持气体状态的气体。液化气体则是对压缩气体连续加压、降温，使之转化成液态，如氨气、二氧化硫等。可压缩性、膨胀性是压缩气体和液化气体的主要特征，如果受高温、日晒，气体极易膨胀产生很大的压力，造成爆炸事故，其危害性为爆炸性、易燃性、毒性、刺激性、致敏性、腐蚀性、窒息性等。

（1）仓库应阴凉通风，照明应采用防爆照明灯，远离热源、火种，防止日光暴晒，严禁受热；库房周围不得堆放任何可燃材料。

（2）钢瓶入库包装外形无明显外伤、附件齐全、封闭紧密、无漏气现象；包装使用期应在试压规定期内，逾期不准延期使用，必须重新试压。

（3）储装内容物互为禁忌物的钢瓶应分库储存，如氢气钢瓶与液氯钢瓶、氢气钢瓶与氧气钢瓶、液氯钢瓶与液氨钢瓶等，均不得同库混放；易燃气体不得与其他种类化学危险物品共同储存；储存时钢瓶应直立放置整齐，最好用框架或栅栏围护固定，并留有通道。

（4）装卸压缩气体和液化气体钢瓶时必须轻装轻卸，严禁碰撞、抛掷、溜坡或横倒在地上滚动等，不可把钢瓶阀对准人身，注意防止钢瓶安全帽脱落；装卸氧气钢瓶时，工作服和装卸工具不得沾有油污，易燃气体钢瓶严禁接触火种。

（5）储存中钢瓶阀应拧紧，不得泄漏，如发现钢瓶漏气，应迅速打开库门通风，拧紧钢瓶阀，并将钢瓶立即移至安全场所；若是有毒气体钢瓶，应戴上防毒面具。失火时应尽快将钢瓶移出火场，若搬运不及，可用大量水冷却钢瓶降温，以防高温引起钢瓶爆炸；消防人员应站立在上风处和钢瓶侧面进行处置。

（6）运输时必须戴好钢瓶上的安全帽，钢瓶一般应平放，应将瓶口朝向同一方向，不可交叉；压缩气体和液化气体钢瓶装运时高度不得超过车辆的防护栏板，并用三角木垫卡牢，防止滚动。

（7）各种钢瓶必须严格按照国家规定，进行定期技术检验；钢瓶在使用过程中，如发现有严重腐蚀或其他严重损伤，应提前进行检验。

（8）储运钢瓶时应检查：①钢瓶上的漆色及标志与各种单据上要求是否相符，包装、标志、防震胶圈是否齐备，钢瓶上的钢印是否在有效期内；②安全帽是否完整、拧紧，瓶壁是否有腐蚀、损坏、结疤、凹陷、鼓泡和伤痕等；③耳听钢瓶是否有“丝丝”漏气声；④凭嗅觉检测现场是否有强烈刺激性臭味或异味。

2.3.3 易燃液体

易燃液体是指闪点不高于 93 ℃的液体，其燃烧是通过其挥发的蒸气与空气形成可燃混合物，达到一定浓度后遇火源而实现的，如汽油、乙醇等。易燃液体的危险特性为易燃性、爆炸性、热膨胀性、流动扩散性、易产生或积聚静电、有毒性等。易燃液体储存与运输采取以下措施。

（1）易燃液体储存于阴凉通风库房，远离火种、热源、氧化剂及氧化性酸类；闪点低于 23 ℃的易燃液体，其仓库温度一般不得超过 30 ℃，低沸点的品种须采取降温式冷藏措施；大量储存（如苯、汽油等）一般可以用储罐存放，机械设备必须防爆，并有导除静电的接地装置；易燃液体储罐可露天存放，但气温在 30 ℃以上时应采取降温措施。

（2）在装卸和搬运中，易燃液体储罐要轻拿轻放，严禁出现滚动、摩擦、拖拉等危及安全的操作；作业时禁止使用易发生火花的铁制工具及穿带铁钉的鞋。

（3）易燃液体专库专储，一般不得与其他危险化学品混放混存。

（4）易燃液体夏天最好在早晚进出库和运输，运输应当遵守当地具体规定；在运输、泵送、灌装时要有良好的接地装置，防止静电积聚；运输易燃液体的槽车应有接地链，槽内设有孔隔板以减少震荡产生的静电。

（5）易燃液体船运时，配装位置应远离船员室、机舱、电源、热源、火源等部位，舱内电器设备应防爆，通风筒应有防火星装置；装卸时应安排在最后装、最先卸，严禁用木船、水泥船散装易燃液体。

（6）绝大多数易燃液体的蒸气具有一定的毒性，会从呼吸道侵入人体造成危害，应特别注意易燃液体的包装必须完好；在作业中应加强通风措施，在夏季或发生火灾的情况下，空气中毒性蒸气浓度增大，应注意防止中毒。

2.3.4 易燃固体、自燃物品和遇湿易燃物品

易燃固体：指燃点低，对热、撞击、摩擦敏感，易被外部火源点燃，燃烧迅速，并可能散发出有毒烟雾或有毒气体的固体，但不包括已列入爆炸品的物质，如金属钠、硫黄等。易燃固体具有易燃性、爆炸性、敏感性、有毒性或腐蚀性等。

自燃物品：指自燃点低，在空气中易于发生氧化反应，放出热量而自燃的物品。燃烧性是自燃物品的主要特性。

遇湿易燃物品：指遇水或受潮时，发生剧烈化学反应，放出大量易燃气体和热量的物品。有些遇湿易燃物品不需明火即可燃烧或爆炸。遇湿易燃物品除遇水反应外，遇酸或氧化剂也能发生反应，而且比遇水发生的反应更为强烈，危险性也更大。

（1）易燃固体应专库存储，包装完好，储存场所阴凉、通风、干燥，远离火种、热源，要有隔热措施，防止阳光直射，避免受潮，防止氧化。

（2）自燃物质各自有不同的自燃特性，储存与运输要采取不同方式与策略，如不和水发生化学反应的黄磷，性质活泼、极易氧化，燃点又特别低，一经暴露在空气中很快引起自燃，通常存放在水中。

（3）在空气中能自燃，遇水还会强烈分解的自燃物品，储存和运输必须用充有惰性气体或特定的容器包装，如二乙基锌、三乙基铝等有机金属化合物在空气中能自燃，遇水还会强烈分解，产生易燃的氢气，引起燃烧爆炸。

（4）易燃固体、自燃物品和遇湿易燃物品最好在温度低的季节运输，使其处于阴凉、通风、干燥的环境中；搬运该类物品时应轻装轻卸，不得撞击、翻滚、倾倒，防止包装容器损坏。

（5）遇湿易燃物品储存、运输和使用时，注意防水、防潮，严禁接近火种以及与其他性质相抵触的物质隔离存放；遇湿易燃物品起火时，严禁用水、酸碱泡沫、化学泡沫扑救。

（6）易燃固体、自燃物品和遇湿易燃物品船运时，配装位置应远离船员室、机舱、

电源、热源、火源等部位，舱内电器设备应防爆，通风筒应有防火星装置，要有良好的通风设备和防雨设施。

2.3.5 氧化性物质和有机过氧化物

氧化性物质指本身未必燃烧，但通常因放出氧可能引起或促使其他物质燃烧的物质。有机过氧化物是一种含有过氧基（-O-O-）结构的有机物质，属于不稳定物质，可能发生放热自行加速分解，如过氧化物、高锰酸钾等。氧化性物质和有机过氧化物的主要特性为：易于爆炸分解、迅速燃烧，对撞击、摩擦敏感，与其他物质发生危险反应，损伤眼睛。有些有机过氧化物在常温下会自行加速分解，必须控温运输，有的则需加入一定稳定剂才能运输。

（1）氧化性物质和有机过氧化物应储存于清洁、阴凉、通风、干燥的库房内；远离火种、热源，防止日光暴晒，照明设备要防爆。

（2）氧化性物质和有机过氧化物仓库不得漏水，防止酸雾侵入，严禁与酸类、易燃物、有机物、还原剂、自燃物品、遇湿易燃物品等混合储存。

（3）不同品种的氧化性物质和有机过氧化物，应根据其性质以及消防方法的不同，选择适当的库房分类存放与运输。如有机过氧化物不得与无机氧化剂共储混运，亚硝酸盐类、亚氯酸盐类、次亚氯酸盐类均不得与其他氧化剂混储混运；有机过氧化物则应专库存放、专车运输。

（4）储运过程中，氧化性物质和有机过氧化物装卸和搬运应轻拿轻放，不得摔掷、滚动，力求避免摩擦、撞击，防止引起爆炸，对氯酸盐、有机过氧化物更应特别注意。

（5）运输时氧化性物质和有机过氧化物应单独装运，不得与酸类、易燃物品、自燃物品、遇湿易燃物品、有机物、还原剂等同车混运。

（6）在氧化性物质和有机过氧化物仓储前后及运输车辆装卸前后，应彻底清扫、清洗，严防混入有机物、易燃物等杂质。

2.3.6 毒性物质和感染性物质

毒性物质是指经吞食、吸入或皮肤接触后可造成死亡或严重受伤或健康损害的物质，如砒霜、杀虫剂、苯胺、四氯化碳、氰化物以及各种农药等，主要特性是毒性、腐蚀性、易燃性。感染性物质是指含有病原体，能引起病态甚至死亡的物质，如病菌、病毒等，其特性是传染性、危害健康。

（1）毒性物质和感染性物质的库房应保持干燥、通风，库房耐火等级不得低于二级；库房在机械通风排毒时应有安全防护和处理措施，防止毒性物质、病原体泄漏。

（2）毒性物质和感染性物质应避免阳光直射、暴晒，远离热源、电源、火源，在库区的固定和方便的位置配置与毒性物质和感染性物质性质相匹配的消防器材、报警装置和急救药箱。

（3）针对剧毒物质，应专库储存或存放在彼此间隔的单间内，并安装防盗报警器和监控系统，库门应装双锁，实行双人收发、双人保管制度。

（4）毒性物质对于温度、湿度的要求较之易燃易爆物质和腐蚀性物质相对没那么严格，然而依然需要考虑毒性物质是否有挥发性、潮解性等。

（5）毒性物质和感染性物质包装封口严密，外包装应贴有明显的名称和标志，作业人员应按照规定穿戴防毒用具，禁止用手直接接触毒性物质和感染性物质。

（6）除有特殊包装要求的剧毒品采用化工物品专业罐车运输外，毒性物质应采用厢式货车运输；运输毒性物质过程中，押运人员要严密监视，防止毒性物质丢失、撒漏，行车时要避开高温、明火场所。

（7）毒性物质和感染性物质装卸作业前，对刚开启的仓库、集装箱、封闭式车厢要先通风排气，驱除积聚的有毒气体；当装卸场所的各种毒性物质浓度低于最高容许浓度时方可作业。

（8）作业人员应根据不同毒性物质和感染性物质的危险特性，穿戴好相应的防护服装、手套、防毒口罩、防毒面具和护目镜等。

（9）装卸毒性物质和感染性物质时，作业人员尽量站在上风处，不得停留在低洼处；避免易碎包装件、纸质包装件的包装损坏，防止毒性物质和感染性物质撒漏；毒性物质和感染性物质不得倒置，堆码要靠紧堆齐，桶口、箱口向上，袋口朝里。

（10）对刺激性较强的和散发异臭的毒性物质，装卸人员应轮班作业；特别注意剧毒品、粉状毒性物质的包装，外包装表面应无残留物，发现包装破损、渗漏等现象，拒绝装运。

2.3.7 放射性物质

放射性物质是指含有放射性核素能不断地放出肉眼看不见的 α、β、γ 等射线的物质，如金属铀、钚等。人和动物如果受到这些射线的过量照射，会引致放射性疾病，严重的甚至死亡。放射性物质具有放射性、毒害性、不可抑制性、易燃性、氧化性等特性。

1. 包装

放射性物质在储运中必须要有完整妥善的包装，一般应采用四层包装。

（1）内容器：放射性同位素制剂如为液体，一般使用玻璃安瓿瓶或有金属封口的小玻璃瓶；如为固体，则用带橡皮塞的小玻璃瓶或磨砂口瓶；若是气体，则用密封安瓿瓶。

（2）内层辅助包装：指防震衬垫物，如纸、棉絮、泡沫塑料等。

（3）外容器：放射 α 和 β 射线的物品，用几毫米厚的塑料或铝制罐；若系主要放

射 γ 射线的物质，可按其能量大小、放射性强度不同而采用不同厚度的铅罐、铁罐或铅铁组合罐。

（4）外层辅助包装：可以用木箱、铁桶、金属箱等小包装，但不得出现破损，不得有放射性污染。

2. 储存

（1）放射性物质储存仓库应干燥、通风、平坦，要划出警戒线，并采取一定的屏蔽防护。

（2）放射性物质储存应远离其他危险品或货物、人员、交通干线等，严格执行防护检查等管理制度。

（3）存放过放射性物质的地方，应在卫生部门指派的专业人员监督指导下进行彻底清洗，否则不得存放其他物品。

（4）在操作放射性物质前，操作人员必须做好个人防护，轻装轻卸，严禁肩扛、背负、摔掷、碰撞。

（5）工作人员操作完毕放射性物质后必须洗澡更衣，防护服应单独清洗。

3. 运输

（1）应当由检查单位检查剂量后开具“放射性物质剂量检查证书”，根据放射剂量率决定放射性物质运输办法。

（2）车辆挂运放射性物质时，禁止溜放；车辆运装完毕放射性物质后，应经过彻底清扫。

（3）运输放射性物质前如检查出包装损坏，不予运输；必要时可派专人押车。

2.3.8 腐蚀性物质

凡能腐蚀人体、金属和其他物质的物质，称为腐蚀性物质。其特性为腐蚀性、毒害性、易燃性、易爆性，如盐酸、硫酸等。

（1）存放腐蚀性物质时应避开易被腐蚀的物品，注意其容器的密封性，并保持存放地内部通风。

（2）产生腐蚀性挥发气体的存放地，应有良好的局部通风或全室通风，且远离有精密仪器设备的存放地；应将使用腐蚀性物质的存放地设在高层，以使腐蚀性挥发气体向上扩散。

（3）装有腐蚀性物质的容器必须采用耐腐蚀的材料制作；如不能用铁质容器存放酸液，不能用玻璃器皿存放浓碱液等。使用腐蚀性物质时，要仔细小心，严格按照操作规程在通风柜内操作。

（4）腐蚀性酸、碱废液不能直接倒入下水道，应收集起来妥善储存，待统一回收。

（5）搬运、使用腐蚀性物质时要穿戴好个人防护用品；若不慎将酸或碱溅到皮肤或衣服上，可用大量水冲洗。

（6）对散布有腐蚀性酸、碱气体的房间内的易被腐蚀器材，要设置专门的防腐罩或采取其他防护措施，以保证器材不被侵蚀。

2.3.9 杂项危险品

杂项危险品是指磁性物品以及有麻醉、毒害或其他类似性质的能造成其他类别不包括的危险物品，如飞行机组人员情绪烦躁或不适，以致影响飞行任务的正确执行，危及飞行安全的物品。常见的有干冰、锂电池；石棉、蓖麻籽、磁体、稳定态的鱼粉；救生设备如安全带、安全气囊、安全手环、救生艇等。杂项危险品具有易燃、易爆、有毒等特性。

因此，在储存、运输、生产、销售、装卸、使用等各环节中，杂项危险品应按易燃、易爆、有毒等特性的危险化学品进行管理与处理。

2.4 危险化学品事故

地震、洪水、雷电、滑坡、低温、高温、海啸等自然灾害经常对危险化学品设备设施造成毁损，引发泄漏、爆炸等事故，甚至产生连锁反应或导致多起事故同时发生，造成极大的社会、环境影响和经济损失。全球范围内，自然灾害平均每年引发危险化学品事故上百次，经济损失上亿美元，主要发生在夏季，其中雷电、洪水、低温、降雨等自然灾害引发的危险化学品事故较多，如1990—2009年欧盟5个成员国发生由自然灾害引发的危险化学品事故数量为72次，雷电、洪水、低温、降雨分别占25.00%、20.83%、19.44%、13.89%，其次是风暴、滑坡、高温、地震等（图2-1）[①]。下面对发生频度高、损失大、影响广的自然灾害引发的危险化学品事故进行介绍。

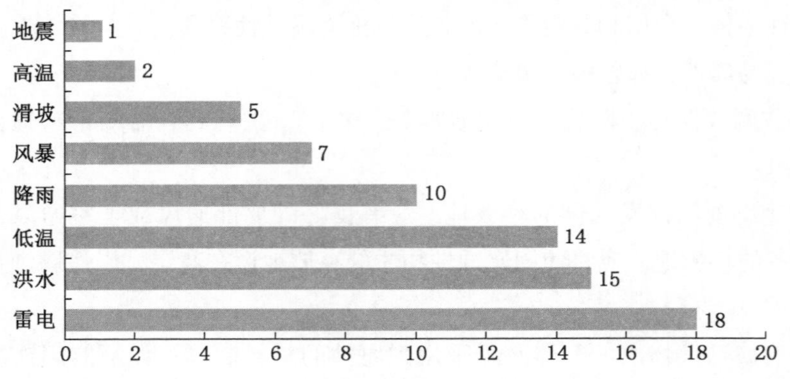

图2-1 1990—2009年欧盟5个成员国自然灾害引发危险化学品事故统计图

① 苏珊娜·吉尼斯，莫琳·赫拉蒂·伍德（文），张微明（译）．自然灾害诱发的化学品事故［J］．现代职业安全（专辑：工程科技Ⅰ辑，专题：有机化工安全科学与灾害防治），2020（12）：82-86.

2.4.1 雷电

雷电是易引发危险化学品事故的常见自然灾害类型之一，能对危险化学品设备设施造成直接伤害，雷电引发的最常见事故是罐顶易燃蒸气被引燃。雷电造成的危险化学品事故主要包括：导致储罐和管道破裂；电气控制系统受损引发过程失误和危险物料泄漏；避雷设施易锈蚀导致连接不良；高大危险化学品储存、生产设施（如各类储罐、反应塔）易遭雷击；互相连通的金属管道、线路遭雷击易引入车间、设备设施。如 2000 年 7 月 24 日，欧盟某国某糖厂附近出现雷电活动，公司遂停止货物装车作业；16 时 35 分，操作员关闭了储罐底部的装货阀门；约 10 分钟后，雷电击中了一个酒精储罐的顶部，引发爆炸，罐顶被掀飞，罐底阀门出现了裂纹，爆炸后发生大火。事故未导致人员伤亡，造成经济损失约 230 万欧元①。

2.4.2 洪水

发生大规模洪水时，储存危险化学品设备的移位尤其令人担忧，洪水浮力和阻力会使管道和设备之间的连接处拉断，或导致管道破裂。与洪水有关的事故包括：洪水冲击造成危险化学品设备损坏、危险化学品泄漏；洪水压力造成罐体倾倒、塌陷，全部储存物在瞬间泄漏完；漂浮物可能撞击危险化学品设备，造成泄漏和破裂；引发罐顶下沉事故，导致罐内物料暴露在大气中；如果排水不足，危险化学品工厂可能会被淹没；洪水还会扩大泄漏事故危害，为泄漏物扩散提供了媒介。如 2021 年 7 月 20 日，河南省登封市告成镇曲河村登电集团铝合金有限公司发生一起爆炸事故，初步调查，原因为临近的颍河水位暴涨，洪水冲倒围墙漫延到厂区，接触合金槽内高温溶液引发爆炸②；2021 年 7 月 21 日，河南省舞钢市铁山街道棠李店村发生爆炸事故，直接原因为暴雨洪水导致电石遇水产生乙炔并引发爆炸③。

2.4.3 低温

极端低温和持续寒冷也会增加危险化学品事故风险。极端低温会导致危险化学品储运管道冻结和破裂，特别是在缺乏加热装置的情况下；寒冷时，危险化学品储运管道内危险化学品收缩，当温度升高时管道内危险化学品压力也会升高，进而引发管道破裂；如果已经结冰，冰的重量也会导致危险化学品设备设施出现结构损伤。如欧盟某国一化工厂因管线压力下降，发生环己烷泄漏，事故共导致 1200 t 环己烷泄漏。该厂环己烷通过架空管道和地下管道进行传输，传输温度在 20 ℃，压力为 200~300 kPa；而 2002 年

---

① 苏珊娜·吉尼斯，莫琳·赫拉蒂·伍德（文），张微明（译）. 自然灾害诱发的化学品事故［J］. 现代职业安全（专辑：工程科技Ⅰ辑，专题：有机化工安全科学与灾害防治），2020（12）：82-86.

② 登封市人民政府. 登封市告成镇一铝合金厂发生爆炸事件［EB/OL］.（2021-07-20）［2023-05-10］. https：//www.dengfeng.gov.cn/zwyw/5349309.jhtml.

③ 搜狐新闻. 受暴雨洪水影响河南各地连发三起遇水爆炸事故［EB/OL］.（2021-07-23）［2023-05-20］. http：//news.sohu.com/a/479095992_375636.

12 月初，突然出现低温导致环己烷在管中凝固，温度的巨大变化导致环己烷收缩、膨胀，致管道破裂①。

2.4.4 高温

夏季气温高，对危险化学品的危险主要有：易燃易爆危险化学品物质挥发速度快、挥发量大，易与空气混合形成爆炸性气体并达到爆炸极限；气体、液体因温度升高造成升压，储存设施、输送管道、阀门承压加大，增大了危险化学品泄漏、爆炸的可能性；挥发性有毒危险化学品物质易造成熏呛、中毒；高温易造成操作人员忽视劳动防护，易与危险化学品有毒有害物质直接接触；高温会导致储存在室外的危险化学品燃烧，致使储存设施压力增大。如 2011 年 7 月 11 日，欧盟某国海军基地的爆炸物容器发生爆炸，造成 13 人死亡、60 多人受伤；爆炸对周围区域造成了大规模破坏，附近一家发电厂受损严重，整个国家的发电量降到了夏季用电高峰需求的 60%。爆炸原因是爆炸物容器放在海军基地超过两年半，且暴露在太阳下，高温引发了野火，燃烧到了海军基地并引燃了室外的火药容器①。

2.4.5 地灾

地灾是指在自然或者人为因素作用下形成的，对人类生命财产、环境造成破坏和损失的地质作用（现象），如崩塌、滑坡、泥石流、地裂缝、地面沉降、地面塌陷等。地灾可以使危险化学品管道、储罐发生变形、破裂或者遭受碰撞，引起危险化学品泄漏、爆炸以及遇水易燃危险化学品燃烧等事故。在地质灾害救援现场首先要确定是否存在危险化学品及其安全程度，然后制定施救措施。如 2016 年 5 月 8 日福建泰宁发生泥石流灾害，12 个危险化学品气瓶、1 个柴油桶被泥石流埋压已经变形；消防救援人员及时对危险源进行安全处置，并将危险物品转移到安全地带；同时对深埋的危险源在现场做好监测和安全防护，确认具体位置后对气瓶进行冷却、转移处置，并做好应急措施防止发生火灾爆炸事故②。

2.4.6 地震

地震是地球上板块与板块之间相互挤压碰撞，造成板块边沿及板块内部产生错动和破裂的结果。地震通过直接冲击或土壤液化引起地面变形，对建筑设施造成危害，从而影响震区内的建筑、设施、物品等。地震对危险化学品设施的危害主要包括：在储罐底层壁板上形成向外鼓出的变形，罐壁与罐底的角焊缝处局部撕裂、螺栓拉伸或脱落、储罐和支撑结构变形或受损，以及管道破裂、阀失效等引发不同规模的危险化学品泄漏；在地震作用下危险化学品罐体翻转或倒塌引发大规模泄漏；地震冲击力对易燃易爆危险

---

① 苏珊娜·吉尼斯，莫琳·赫拉蒂·伍德（文），张微明（译）. 自然灾害诱发的化学品事故［J］. 现代职业安全（专辑：工程科技Ⅰ辑，专题：有机化工安全科学与灾害防治），2020（12）：82-86.

② 搜狐网. 福建泰宁泥石流灾害致 36 人死官兵现场排除危化品［EB/OL］.（2016-05-10）［2023-06-11］. https：//www. sohu. com/a/74652337_252634.

化学品产生冲击作用直至引发爆炸。如 2008 年汶川 8.0 级地震，致使地震灾区先后出现什邡市蓥峰实业有限公司化学品泄漏事件、什邡市宏达化工股份有限公司硫酸泄漏事件、德阳市四川绵竹华丰磷化工有限公司黄磷和泥磷受到威胁事件、川西化工物资有限公司污染地下水事件等次生突发环境事件①。

2.4.7 海啸

海啸是由地震或滑坡引起的海水水体运动，会造成危险化学品漂浮、位移、倾倒、碰撞及管道断裂，还可以冲走罐体基座，破坏电力系统；造成易燃危险化学品泄漏扩散，引起大规模火灾，使灾害损失扩大和加重，增加了救援难度、影响了救援进度。如欧盟某国某次大规模海啸袭击沿海的一家炼油厂后，造成多处管道破裂，碳氢化合物从管道连接处溢出，泄漏物随后被点燃，引发大火，3 个装满硫黄、沥青、汽油的储罐燃烧爆炸，致使炼油厂大面积被毁，损失惨重②。

2.5 危险化学品事故特点

自然灾害引发的危险化学品事故是指自然灾害作为主要因素造成危险化学品设备设施损坏的危险化学品事故，严重影响自然灾害救援工作的开展。其特点是突发性、类型多、损坏性、不均匀性、广泛性、艰巨性、可控性等。

2.5.1 突发性

突发性是指事故发生突然、难以预测。突发性一方面与自然灾害本身特点有关，自然灾害特点之一就是突发性；另一方面与危险化学品本身特点也有关，危险化学品具有易燃、易爆、有毒、腐蚀等特性。因此，拥有危险化学品的企业、单位、个人应时刻保持警惕，防范自然灾害造成危险化学品事故的发生。

2.5.2 类型多

类型多是指自然灾害引发的危险化学品事故类型多，包括所有危险化学品事故类型。主要是由于自然灾害、危险化学品等种类多，自然灾害救援现场类型多、千变万化，影响因素包括各种非生命物质及各种生命物质。这些因素相互作用、相互影响，致使自然灾害引发的危险化学品事故类型多。

2.5.3 损坏性

损坏性是自然灾害引发危险化学品事故的重要特点之一，严重损害危险化学品事故现场周围及其附近人民群众生命、财产安全，污染环境。如 2023 年 2 月 6 日土耳其发生 7.8 级地震，地震造成距离震中附近的哈塔伊省的天然气管道发生爆炸起火③。因此，

---

① 陈明．迅速控制次生突发环境事件确保自然灾害期间饮水安全［J］．环境教育，2009（6）：64-67.

② 苏珊娜·吉尼斯，莫琳·赫拉蒂·伍德（文），张微明（译）．自然灾害诱发的化学品事故［J］．现代职业安全（专辑：工程科技Ⅰ辑，专题：有机化工安全科学与灾害防治），2020（12）：82-86.

③ 王学文．自然灾害引发的危化品事故及应急救援（中国地震应急搜救中心学术交流），2023-03-10.

应在自然灾害引发危险化学品事故发生前防止、杜绝其发生，在自然灾害引发危险化学品事故发生后应尽力控制其危害扩大和蔓延。

2.5.4 不均匀性

自然灾害引发危险化学品事故的不均匀性，一是指时间、空间不均匀性，即容易发生自然灾害的时段、区域，如1990—2009年欧盟成员国自然灾害引发危险化学品事故数量分析表明：夏季雷电、洪水等容易引发危险化学品事故，断层附近发生地震、海岸附近发生海啸等容易引发危险化学品事故①；二是物理化学性质活性强的危险化学品，如易燃、易爆危险化学品，也容易发生事故。

2.5.5 广泛性

广泛性是指自然灾害引发危险化学品事故的时间不受限制、范围广。一方面是自然灾害具有广泛性，只要有人类活动的区域，自然灾害随时都可能发生［我国各省（区、市）均受到自然灾害影响，70%以上城市及50%以上人口分布在气象、地震、地质、海洋等自然灾害高风险区］；另一方面是危险化学品在时空方面与我们的生活、工作紧密联系、息息相关，如天然气是生活中的日常物品、每天使用。因此，自然灾害引发的危险化学品事故具有广泛性。

2.5.6 艰巨性

艰巨性是指自然灾害引发危险化学品事故后，处置任务艰巨、困难大。自然灾害灾种多、危险化学品种类多、事故地类型多、影响因素复杂等，处置现场一地一变。因此，自然灾害引发的危险化学品事故损失重、处置任务艰巨、救援难度大。如1999年8月17日土耳其发生7.4级地震，伊兹米特地区的蒂普拉什炼油厂共有30个大型储油罐，地震造成7个储油罐发生火灾爆炸，在19个国家的1300多名救援人员借助消防直升机用特种灭火剂空投灭火的情况下，用了三天三夜才将大火扑灭②。

2.5.7 可控性

可控性是指自然灾害引发的危险化学品事故是可以控制的。其一，生产、储存危险化学品的场地应选择在远离容易发生自然灾害的地方，如避开活动断层以避免地震引发危险化学品事故，避开低洼地避免洪水引发危险化学品事故；其二，维护好储运危险化学品的设备设施，使其一直处于安全状态；其三，在自然灾害预警状态下，尽快使危险化学品远离危险地，达到避险目的，避免自然灾害引发危险化学品事故发生。

---

① 苏珊娜·吉尼斯，莫琳·赫拉蒂·伍德（文），张微明（译）．自然灾害诱发的化学品事故［J］．现代职业安全（专辑：工程科技Ⅰ辑，专题：有机化工安全科学与灾害防治），2020（12）：82-86.

② 王学文．自然灾害引发的危化品事故及应急救援（中国地震应急搜救中心学术交流），2023-03-10.

2.6 危险化学品事故危害

自然灾害引发的危险化学品事故危害影响大、范围广、损失重等，严重阻碍灾害救援活动的开展，了解其危害及其特点，有利于快速有效处置，为灾害救援赢得宝贵时间。

2.6.1 危险化学品事故危害形式

自然灾害的发生会造成包括温度、压力、湿度等的变化以及外力作用，致使危险化学品安全状态发生变化，引发事故。其危害形式分为暴露和非暴露两类。

2.6.1.1 危险化学品事故危害暴露形式

危险化学品事故危害暴露形式是指危险化学品改变了储存、运输等形式，与外界发生接触，有泄漏和爆炸两种形式。

1. 泄漏

泄漏是危险化学品事故危害的主要形式之一。在自然灾害发生过程中，生产、储存、运输、销售、使用危险化学品的储件、运件等变形、受损，造成危险化学品外泄、遗漏，如液体、气体、放射性物质等从破损处外溢、外露。

2. 爆炸

爆炸是指自然灾害使危险化学品储件所处环境的温度、压力、湿度等发生变化，以及储件遭受碰撞等外力影响，造成危险化学品储件突然破裂，瞬间产生大量气体和热量，使周围压力急剧上升，发生爆炸。

2.6.1.2 危险化学品事故危害非暴露形式

危险化学品事故危害非暴露形式是指在自然灾害作用下，危险化学品未与外界接触，只是储存、运输等环节的设备外形变化、位置变化、附件松脱等，如储罐倾倒、钢瓶漂移、螺丝部件松动等。

1. 变形

变形主要是指在自然灾害作用下储存、运输危险化学品等的设备发生扭曲、凹凸等，使原有形态发生变化，如在自然灾害直接冲击下或在房屋建筑物倒塌、滑坡等作用下使设备变形，危险化学品危险性增加。

2. 倾倒

在自然灾害直接冲击下或在房屋建筑物倒塌、滑坡、泥石流、海啸等作用下使储存、运输危险化学品的设备倾斜翻倒，降低了危险化学品的安全性。

3. 漂移

漂移是指在暴风雨、龙卷风、洪水、泥石流、海啸等自然灾害作用下储存、运输危险化学品的容器发生位置变化，如储存危险化学品的钢瓶被洪水冲走。一般来说，体积小的、重量轻的储存危险化学品容器容易发生漂移。

4. 附件变动

危险化学品储存、运输等设备的附件在自然灾害作用下变动，如地震反复震动、洪水和海啸反复冲刷、雷电电击等导致的附件变松、脱落等，致使危险化学品危险性增加。

5. 浸泡

在洪涝、暴雨、海啸等自然灾害作用下，由于水位上涨或危险化学品储存在低洼处，被水浸泡，严重危害危险化学品安全，特别是亲水、溶水及防水的危险化学品。

2.6.2 危险化学品事故危害表现

自然灾害引发的危险化学品事故危害，主要表现为腐蚀、污染、中毒、辐射、灼伤、烧伤、毁损、死亡、失踪等。

1. 腐蚀

腐蚀是指在自然灾害发生过程中产生的力使危险化学品储件变形、受损，如破裂、阀门失效等引发危险化学品泄漏，对接触的人体、设备、建筑物、构筑物、车辆、船舶的金属结构等有很大的腐蚀和破坏作用。

2. 污染

在自然灾害发生过程中，危险化学品储存物件可能会遭到破坏，导致危险化学品泄漏，污染所接触的物体；不同的危险化学品污染处理方法不同，需要根据危险化学品的物理化学特性进行针对性处理。

3. 中毒

毒性是危险化学品特性之一，当危险化学品泄漏，有毒物质进入人的机体后，与细胞内的重要物质如酶、蛋白质、核酸等发生作用，从而改变细胞内组分的含量及结构，破坏细胞的正常代谢，导致机体功能紊乱，即中毒。

4. 辐射

放射性物质储件在自然灾害作用下损坏，放射性物质将以电磁波和粒子（如 α、β、γ 等）的形式向外辐射，使人体细胞的原子或分子电离，破坏其本身的结构并导致功能损伤或者癌变。

5. 灼伤

灼伤是指泄漏的危险化学品作用于身体，引起局部组织损伤，并通过受损的皮肤及黏膜组织导致全身病理性的生理改变，引起全身中毒的病理现象。现场处理方法是立即移离现场，迅速脱去被危险化学品沾污的衣裤、鞋袜等。

6. 烧伤

烧伤是指危险化学品泄漏引起火灾或爆炸等产生的伤害，即温度高引起的损伤，如氧化性很强的物质，泄漏后与还原物或有机物接触时会发生强烈的氧化还原反应，放出大量的热，容易引起燃烧进而产生爆炸，对人畜造成烧伤。

7. 毁损

毁损是指危险化学品引起的火灾或爆炸等使物品、建（构）筑物等彻底破坏或消灭，如房屋被烧毁或毁损及破坏，是自然灾害引发危险化学品事故危害最严重的表现形式。

8. 死亡

死亡是自然灾害引起危险化学品事故造成的生命体生命运动终止，对于生命体来说是最严重的危害。因此，在自然灾害引起的危险化学品事故处置中抢救受伤人员并减少人员伤亡是首要任务。

9. 失踪

失踪是指人在自然灾害引发的危险化学品事故中不见踪迹、下落不明，也是比较严重的危害表现，主要由危险化学品爆炸引起。在自然灾害引发的危险化学品事故处置中，应该千方百计寻找失踪人员，最大限度降低伤亡率。

2.6.3 危险化学品事故危害特点

1. 突发性

目前，人类仍不太了解自然灾害发生规律，处于探索与研究过程中，致使一些自然灾害预报难度大，不易准确预报，如地震、突发暴雨等。这些造成危险化学品事故危害具有突发性，其特点是突然发生、来势迅猛、防不胜防，需要相关单位和部门时刻警惕常备不懈。

2. 扩散性

危险化学品种类多，有气体危险化学品、爆炸危险化学品、液体危险化学品和腐蚀危险化学品等，如发生事故，容易扩散、涉及面广。如气体危险化学品、爆炸危险化学品等容易在空气中扩散、传播，污染空气；液体危险化学品和腐蚀危险化学品等在水中迅速扩散甚至溶解。因此，应对这一类危险化学品事故需要高素质的应急队伍，及时发现并迅速处置，防止危害扩大。

3. 不确定性

危险化学品事故危害不确定性是指发生地点、时间、危害源、危害区域及危害性等具有很大的不确定性，主要与危险化学品事故危害的突发性、危险化学品与自然灾害种类多等有关，要求相关部门、单位的预警系统和监测队伍时刻保持警惕性，一旦不确定的危险化学品事故突然发生，应迅速有效地处置解决。

4. 形式多

形式多是指自然灾害引发的危险化学品事故的危害种类多，包括所有的危险化学品事故类型和危害形式、结果，有爆炸、泄漏、腐蚀、中毒、核辐射等以及由此造成的次生灾害，如火灾等，这是其一。其二是救援现场复杂多变，有平原、山地、水域等救援现场，且受各种地形地貌、自然灾害以及不同建筑物、构筑物等影响。因此，平时应该制定周密详细的应急预案，以便应对形式多样的自然灾害引发的危险化学品事故。

5. 影响因素多

自然灾害引发的危险化学品事故的影响因素多，一是受自然灾害类型及其大小、活动方式和气象条件等影响，二是受危险化学品本身以及生产、储存、运输等设备的影响，三是受危险化学品生产、储存、运输等地周围建筑、山河地貌等影响。这些因素共同决定了危险化学品事故的危害程度、形式、结果及处置难度。

6. 处置艰巨性

由于自然灾害灾种多、危险化学品种类多、危害地类型多、影响因素复杂等，救援现场一地一变，自然灾害引发的危险化学品事故的危害损失重、处置任务艰巨、救援难度大；如事故、地形地貌与自然灾害等相互影响、相互作用，处置过程受历史、地理、经济、文化等众多因素影响，而不是单纯地进行危险化学品事故本身处置，即处置具有复杂性和艰巨性。

7. 易发性

危险化学品的物理化学性质决定了其容易发生事故。危险化学品安全问题是相关部门、企业、单位平时关注的重点，在自然灾害发生过程中，受一些不可控因素影响，危险化学品更易发生事故。相关部门、企业、单位等在平时应注重安全措施的落实，落实不到位应该在灾害发生前整改完成，建立安全措施责任制，防止自然灾害引发的危险化学品事故发生。

8. 严重性

危险化学品具有易燃、易爆、有毒等特性，其事故危害往往造成惨重的人员伤亡和巨大的经济损失，特别是有毒气体大量意外泄漏、爆炸品或易燃易爆物品爆炸、核辐射等，不仅关系到灾害源附近地区安危，还可能扩散传播到相邻地区的空气、土壤、江河水源等，打乱附近居民的生活秩序、危害人体健康，并且给企业造成巨大的经济损失。

9. 长期性

长期性是指自然灾害引发的危险化学品事故对环境的危害有时极难消除，其对环境和人的危害是长期的。如遭受过量核辐射的环境需要很多年才能修复；而人体健康可能永远无法恢复甚至因其发病缩短寿命。一方面危险化学品事故对环境和人的危害是长期的，另一方面自然灾害的发生在时间上和程度上加重了这种长期性影响。因此，缩短这种长期性影响，应该是快速有效地在事故初期消除、控制其发展或蔓延。

10. 社会性

由于自然灾害造成的危险化学品事故的危害具有扩散性、涉及面广、严重性、处置艰巨性、救援困难大以及长期性，因而具有社会性。因此，危险化学品有关部门、企业应该建立严格的危险化学品监控制度，并监督落实，杜绝或减少自然灾害引发的危险化学品事故发生。应建立专业处置队伍，制定应急处置预案，在事故发生后快速果断地进行处置，防止危害蔓延或扩大，减小社会影响。

11. 延时性

延时性是指自然灾害引发的危险化学品事故所产生的危害不是马上显现，而是延后一段时间才显现出来。如危险化学品中毒后果，有的在当时并没有明显地表现出来，而是在几小时甚至几天后才严重起来；在小剂量情况下，核辐射对环境或人造成的伤害需要延时很久（如几个月或几年）才能显现。

12. 连锁性

连锁性是指危险化学品事故发生将产生一连串的危害，致使处置难度增大，危害扩散或蔓延，如爆炸可以污染空气、造成火灾，泄漏可以污染土壤、江河湖泊等。因此，要重视、防止自然灾害引发危险化学品事故危害的连锁性发生，有时连锁性造成的危害更大、更严重。

思　考　题

1. 危险化学品的定义及分类是什么？
2. 危险化学品的特性包括哪些？
3. 爆炸品如何储存与运输？
4. 危险化学品事故的特点是什么？
5. 危险化学品事故危害形式分几类，包括哪些？
6. 简述危险化学品事故危害表现。
7. 分析危险化学品事故危害特点。

3 危险化学品安全评估装备

自然灾害救援现场危险化学品安全评估是一项既重要又危险的灾害救援行动先导性工作，确保危险化学品安全评估人员的人身安全是灾害救援工作的首要原则。因此，给救援现场危险化学品安全评估人员配备必要、安全、有效的装备是整个灾害救援队能力建设的重要任务，也是完成危险化学品安全评估的基本物质保障。本章介绍了自然灾害救援现场危险化学品安全评估装备，以期对灾害救援队及危险化学品安全评估人员有所帮助。

3.1 危险化学品安全评估装备原则

3.1.1 优先配备原则

自然灾害救援现场危险化学品安全评估是整个救援队救援行动开展的安全保障，是救援行动开展的先导工作，应按照优先于其他类别装备的原则配备。

3.1.2 安全可靠原则

自然灾害救援现场危险化学品安全评估装备是开展评估工作需要配备的装备，包括个人防护装备、侦检危险化学品装备等，应按照安全可靠的原则选择配备。

3.1.3 系统性原则

自然灾害救援现场危险化学品安全评估是安全评估工作的一部分，也是灾害救援工作的一部分，在装备配备时应考虑与救援队其他人员装备配套，有利于整个救援队装备性能的充分发挥和灾害救援行动的顺利实施。

3.1.4 实用有效原则

自然灾害救援现场危险化学品安全评估装备应依据保护危险化学品安全评估人员人身安全的实际需要，并结合危险化学品安全评估工作实际需求量进行配备。

3.2 危险化学品安全评估装备分类

危险化学品安全评估装备分类依据不同，分类结果也不同。为了更具逻辑性和实用性，从危险化学品安全评估人员出发，依据危险化学品安全评估装备功能及其对安全评估作用进行分类，即分为个人防护装备、侦检装备、辅助装备、救援装备等。

3.2.1 个人防护装备

个人防护装备是指在进入自然灾害引发的危险化学品事故现场时，安全评估人员根据要求，佩戴专业的危险化学品防护用品，以免受危险化学品泄漏、爆炸、辐射等的危害。

3.2.2　侦检装备

侦检装备是危险化学品安全评估人员确定危险源浓度、分布范围及气象信息等所使用的检测设备或仪器，包括可燃气体侦检仪、有毒气体侦检仪、军用毒剂侦检仪、智能型水质分析仪、电子气象仪、漏电检测仪、氧气检测仪等。

3.2.3　辅助装备

辅助装备是辅助完成自然灾害救援现场危险化学品安全评估处置工作的设备，如警戒装备、通信装备、照明装备等。若缺少它们，将严重影响自然灾害救援现场危险化学品安全评估处置工作的开展。

3.2.4　救援装备

救援装备是指危险化学品事故救援处置中使用的装备，与危险化学品安全评估处置工作虽无直接关系，但直接影响自然灾害救援现场危险化学品安全评估处置工作的进程，如堵漏装备、破拆装备。

3.3　危险化学品安全评估个人防护装备

在自然灾害引发的危险化学品事故处置中，安全评估人员进入事故现场时，必须佩戴危险化学品防护装备，保护安全评估人员的生命安全与健康。因此，正确选用、佩戴危险化学品防护用品至关重要。在此简单介绍危险化学品防护原理、危险化学品防护设备及其选取等方面知识。

3.3.1　危险化学品防护原理

合格的防护装备拥有可靠的防护性能，危险化学品透过防护装备（防护服）的方式主要为渗透。危险化学品的防护主要参考两个参数，即渗透时间和渗透速率，渗透时间越长、渗透速率越低，防护装备性能越好，反之防护装备性能越差。渗透是一个缓慢的过程，开始渗透速率很低，然后逐渐增高。

在防护装备的实际佩戴过程中，当防护装备接触危险化学品时，渗透过程即已开始。随着防护装备佩戴时间的延长，渗透速率逐渐提高，防护性能逐渐降低。因此，救援现场应使用“有限次使用的防护装备”。

没有任何防护装备可以在任何情况下起到防护所有危险化学品伤害的作用，要根据危险化学品的物理化学性质及危害表现来选配不同的防护装备

3.3.2　危险化学品个人防护装备

根据防护部位，危险化学品个人防护装备可以分为头颈部、眼面、听力、呼吸、躯干、手部、足部等防护装备（表3-1）。

表 3-1　危险化学品安全评估人员个人防护装备表

序列	装备类别	装备名称	主要用途
1	头颈部防护	安全帽	最大程度分散施加于头部的冲击力，可与防护面罩配合使用
2		阻燃头套	保护头部、颈部，避免在火灾现场被火焰灼伤
3	眼面防护	防护眼面罩	防护液体或者固体飞溅到眼面部，可与安全帽配合使用
4	听力防护	耳塞	避免现场安全评估人员的听力损伤
5		耳罩	
6	呼吸防护	隔绝式呼吸面罩	安全评估人员现场应急处置时预防有毒气体
7		防护半面具	低浓度有毒有害气体环境，或适用于低于有毒气体报警浓度下限的环境
8		多功能滤毒盒	低浓度有毒有害气体环境，或适用于低于有毒气体报警浓度下限的环境
9		正压式空气呼吸器	在充满浓烟、毒气、蒸气或缺氧的恶劣环境下保护安全评估人员应急处置（蒸气不能为高温蒸气），宜配置正压式空气呼吸器
10		空气填充泵及备用气瓶	空气填充泵用于现场为空气呼吸器储气瓶充气，备用气瓶用于补充现场用气
11		移动式长管供气系统	在缺氧或有毒有害气体环境中为危险化学品安全评估人员侦测提供长时间呼吸保护
12	躯干防护	隔热服	在靠近火焰或强热辐射区域时避免或减轻接触热、热对流和热辐射等对安全评估人员应急处置时的伤害
13		冷环境防护服	防止安全评估人员在低温处置时被危险化学品冻伤
14		防静电服	防止服装上积聚静电
15		高可视性警示服	增强安全评估人员在可见性较差环境中的可视性并起警示作用
16		化学防护服	防护危险化学品对安全评估人员伤害的服装
17		防火防护服	火灾现场对安全评估人员身体的防护
18		普通一次性防护服	普通处置工作环境中安全评估人员使用，具备防尘、防油、防静电等特性

表3-1（续）

序列	装备类别	装备名称	主要用途
19	躯干防护	防坠落装备	在高空安全评估工作时，防止安全评估人员坠落
20		防爆防护服	防止危险化学品爆炸对安全评估人员伤害的服装
21		救生衣	水域危险化学品安全评估时评估员穿戴以防意外落水
22	手部防护	防危险化学品手套	避免危险化学品对安全评估人员手部或手臂的伤害
23		防静电手套	防止产生静电火花
24		其他手套	防止高温、低温、防水等其他伤害
25	足部防护	安全鞋	保护足趾、防穿刺、防静电、防导电、电绝缘、隔热、防寒、防水、踝保护、耐油、耐热接触、防滑等
26		防危险化学品鞋	防护足部免受酸、碱及相关危险化学品的腐蚀或刺激

1. 头颈部防护

头颈部防护是指在自然灾害救援现场危险化学品安全评估中，保护安全评估人员头颈部免遭意外外力冲击、危险化学品泄漏或爆炸等造成的伤害；装备一般包括安全帽、阻燃头套等。

2. 眼面防护

眼面防护包括眼部防护和面罩防护，保护危险化学品安全评估人员的眼睛、面部，防止危险化学品泄漏或爆炸等带来的伤害，如烧伤、灼伤等；装备有防冲击、防微波、防激光的防护镜以及防X射线、防化学、防尘等的眼面护具。

3. 听力防护

听力防护是指在危险化学品安全评估过程中，防范危险化学品对安全评估人员听力的伤害；装备一般有耳塞、耳罩，其作用是阻隔冲击或声音对听力的侵害。

4. 呼吸防护

呼吸防护用于自然灾害救援现场危险化学品安全评估人员处置时佩戴，可防护粉尘或有毒气体对人体呼吸系统造成伤害，呼吸防护是个人防护重要内容之一。呼吸防护装备种类多，如多功能滤毒盒、正压式空气呼吸器、空气填充泵及备用气瓶、移动式长管供气系统等。

5. 躯干防护

躯干防护用于防止危险化学品对安全评估人员躯体及四肢造成伤害；其装备主要有全身式重型防护服、普通防化服、防酸碱服、防火服、防尘服等。

6. 手部防护

手部防护即指保护安全评估人员手部免遭危险化学品造成的高温、腐蚀等伤害；装备一般由阻燃外层、防水层、隔热层和衬里组合而成，包括防危险化学品手套、防静电手套、消防手套及其他手套。

7. 足部防护

足部防护是在危险化学品安全评估时，保护安全评估人员足部免遭危险化学品伤害；装备主要有鞋或靴等，如安全鞋、防危险化学品鞋、灭火战斗靴等。具有防穿刺、防静电、防导电、电绝缘、隔热、防寒、防酸碱及相关危险化学品的腐蚀或刺激等作用。

3.3.3 危险化学品个人防护装备管理程序

防护装备是最后一道防卫线，制定完备的防护装备管理程序是必要的，可以保证安全评估人员在使用防护装备时得到切实保护。合适的防护装备管理程序有 4 个关键要素。

（1）选择：能提供可供选择的、可靠合适的防护装备是最基本的程序准则，应对特定救援场所危险化学品危害需要考虑各种因素，如危险化学品危害的性质、救援任务的环境和情形、可接受的暴露水平以及装置发挥作用所需要的条件。

（2）合身：防护装备不仅要达到预期的防护效果，还要具有舒适性以及适合安全评估人员工作，既要达到防护效果又要不影响救援工作。配备各种尺寸的装备以适应不同安全评估人员的形态和身体尺寸，是保证供应给每位安全评估人员的装备正好与其相匹配的有效方法。

（3）维护与储存：维护不良的防护装备不仅影响防护效果，而且穿戴使用不良防护装备后将对安全评估人员健康产生严重不良后果。切实有效的维护与储存是防护装备的重要程序，应定期对个人防护装备进行收集、清洗、修理和储存等。

（4）教育与培训：防护装备另一个重要程序是对安全评估人员进行培训，使他们能够以正确的方法使用防护装备。教育培训的内容包括使用防护装备的时机和场合、防护装备设计形状特点、使用方法和它的局限、防护装备维护与储存等。

3.3.4 危险化学品个人防护装备选取

1. 个人防护装备选取原则

（1）安全性原则：应尽量使用有限次防护品特别是防护服；防护品所选用的材料必须对相应的危险化学品具有防护功能并在有效时间前使用或穿戴防护品。

（2）耐用性原则：虽然提倡使用有限次防护品，但在有限次之前或有效时间前必须保证防护品不能破损，即防护品必须经久耐用。

（3）合适性原则：防护品特别是防护服的尺码，应保证合身，过大容易被周围物体勾绊，过小则容易撕裂，影响安全评估人员开展应急处置工作。

（4）舒适性原则：如果防护品特别是防护服的穿着让人感觉压抑，即使配备了防护品，危险化学品安全评估人员也可能会因为不够舒适而拒绝穿用。

2. 个人防护装备选取

在灾害救援行动中安全评估人员应提前配置穿戴防护用品，降低风险及损失。下面重点介绍选取呼吸防护用品、身体防护用品时应考虑的因素。

1）呼吸防护用品选取

选取一种合适的呼吸防护器材应考虑以下因素：

（1）危险化学品污染物浓度所给予的警告，通常靠闻气味或视觉觉察。

（2）有害物质特性，即是否为颗粒物、有害气体、蒸气或缺氧。

（3）污染物的浓度。

（4）危险化学品的危害猛烈程度，如呼吸器失效，是否会造成严重伤害。

（5）在有害的大气中，穿戴者停留时间。

（6）已经受到污染的空气与可供呼吸的干净空气源的相对位置。

（7）接近工作场所的途径和工作环境的性质。

（8）对穿戴者活动能力和机动能力的要求。

（9）如泄漏的有毒化学品性质不明、浓度不清或确切的污染程度未查明时，不应使用过滤式呼吸器，必须使用隔绝式呼吸器，应在充分把握现场实际情况下方可降低防护等级。

2）身体防护用品选取

（1）在救援现场危险化学品安全评估工作中，应根据事故危害程度、任务要求和环境因素等条件，来确定使用个人防护用品等级。

（2）对一般危险化学品、粉尘等可选用由防水布、帆布或涂层织物制成的防化服，对强酸、强碱类腐蚀性危险化学品可选用耐腐蚀织物制成的B级防化服，对各类有毒危险化学品应选用橡胶材料制成的全封闭防化服。

（3）当危害程度明确时，可确定所需采取的防护等级。如果无法在第一时间确定危险化学品危害程度时，应尽量选用高等级的防护措施，即使用全封闭防护服，同时配合正压式空气呼吸器等。

3. 防护用品选取注意事项

（1）危险化学品或迟或早会渗透防护层，而可能在防护服表面不会留下任何看得见的痕迹。

（2）一种防护材料可能对一种危险化学品起到很好的防护作用，但对其他危险化学品的防护效果可能就会差。

（3）在较高温度下危险化学品穿透防护层的时间会缩短，不同材料对温度的变化敏感度不同。

（4）厚的防护衣服对防止危险化学品渗透的效果比较好。

3.3.5 危险化学品临时防护

在自然灾害救援现场危险化学品事故处理过程中，如果出现专业防护用品暂时短缺或破损，以及其他人员没有专业防护用品，应采取临时防护措施。

1. 眼睛防护

戴上与皮肤密合的游泳镜或太阳镜，防止眼睛受刺激或有毒液滴溅入眼内；或用透明塑料薄膜袋包住头部，用毛巾扎住颈部，在口鼻处开孔。

2. 呼吸道防护

用毛巾、纱布、旧布做成比普通口罩稍大的装料口罩，装填 3~4 cm 厚的防毒滤料或将毛巾铺平，把滤料倒在中央再进行折叠、缝制、安上系带；佩戴时必须固定，防止下坠和漏气。

3. 消化道防护

不得在事故场所喝水、吃东西、吸烟；应急处置后要脱去工作服，并洗手洗脸；事故污染区的水源、食品必须经检测无害后方可饮用或食用。

4. 皮肤防护

可用雨衣、塑料布、薄膜、帆布、油布、毯子、棉大衣、斗笠或雨伞等遮住身体各部位，进行全身防护。

3.4 危险化学品安全评估侦检仪器

自然灾害救援现场危险化学品危害侦检装备分为定性、定量两大类。

3.4.1 定性侦检技术及仪器

危险化学品定性侦检技术主要是基于危险化学品物理化学性质，确定危险化学品物质组成，即定性侦检技术仅仅能够指示某种特定危险化学品物质的存在，其结论多以文字描述为主。表 3-2 为定性侦检技术及仪器表。

（1）侦检纸是最常用、最方便、最快速的定性侦检仪器（表 3-3）。

（2）气体侦检管主要由侦检管和采样器组成，可以侦检一氧化碳、氯气、氰化氢等，具有响应较慢、测量精度低、容易产生化学污染等特点，仅限于常见化合物且只能提供“点测”。

（3）便携式环境空气分析仪是基于不同气体对红外线有选择吸收这一原理进行设计的，具有无须消耗品、反应灵敏、操作简单、监测范围广等特点。

（4）便携式气相色谱/质谱分析仪是基于气质联用技术设计的侦检仪器，可实现场环境连续在线侦检、应急事故快速侦检等快速移动侦检，用于挥发性、半挥发性有机化合物现场侦检。

（5）离子迁移谱侦检仪是以离子迁移时间差别并借助类似于色谱保留时间概念而设计，适合于一些挥发性有机化合物的痕量探测，如毒品、爆炸物、危险化学品、大气污染物等。

表3-2 危险化学品定性侦检技术及仪器表

序号	定性侦检技术	侦检仪器
1	化学比色法	侦检纸、气体侦检管
2	红外分光法	便携式环境空气分析仪
3	气质联用技术	便携式气相色谱/质谱分析仪
4	离子迁移谱侦检技术	离子迁移谱侦检仪

表3-3 侦检纸及其相应侦检内容表

序号	侦检纸类型	侦检内容
1	酚酞试纸	NH_3
2	奈氏试纸	NH_3
3	碘甲酸、淀粉试纸	SO_2
4	酶底物试纸	有机磷农药
5	醋酸铅试纸或硝酸银试纸	H_2S
6	二苯胺、对二甲胺基苯甲醛试纸	$COCl_2$
7	氯化钾试纸	CO
8	醋酸铜联苯胺试纸	HCN
9	息夫试纸	HCHO、CH_3CHO
10	邻甲苯胺试纸或碘化钾淀粉试纸	NO_2、O_3、HClO、H_2O_2
11	溴化钾荧光试纸或碘化钾淀粉试纸	卤素
12	蓝色石蕊试纸	酸性气体
13	红色石蕊试纸	碱性气体

3.4.2 定量侦检技术及仪器

定量侦检是指对危险化学品某属性进行测量获取监测对象某信息，结论以数据、模式、图形等表达。定量侦检技术及仪器（表3-4）主要有以下几类：气体传感器技术

（可燃气体侦检仪）、定电位电解式传感器技术（有毒气体侦检仪）、火焰光度法侦检技术（军用毒剂侦检仪）、化学比色法侦检技术（智能型水质分析仪）等。

表 3-4 危险化学品定量侦检技术及仪器表

序号	定量侦检技术	侦检仪器	适用目标
1	接触燃烧式气体传感器技术	可燃气体侦检仪	甲烷、煤气、乙炔、氧、丁烷等
2	定电位电解式传感器技术	有毒气体侦检仪	一氧化碳、硫化氢、氯气、氯化氢、甲醛等
3	火焰光度法侦检（FPD）技术	军用毒剂侦检仪	沙林、索曼、芥子气、维埃克斯等
4	化学比色法侦检技术	智能型水质分析仪	溶解氧、生化需氧量、酸碱度、氧化还原电位、电导率、氨、氮、硝氮、氯化物等
5	电容聚合以及超声波技术	电子气象仪	风向、温度、湿度、气压、风速等
6	激光技术	激光测距仪	距离
7	光子等量剂量测定技术	核放射探测仪	γ 射线、X 射线
8	电位法技术	电子酸碱检测仪	液体 pH 值或 MV 值（电位值）
9	红外感应技术	测温仪	温度
10	传感、感应技术	漏电检测仪	电流、电场、电压
11	传感器技术	氧气检测仪	氧

1. 可燃气体侦检仪

分为接触燃烧式传感器技术和红外吸收传感器技术两类，相应有催化型、红外光学型两种类型器材。

2. 有毒气体侦检仪

依托于仪器内部不同的气体传感器，侦检不同类型的有毒气体，如有毒气体用电化学传感器、可燃性气体用催化燃烧式传感器、挥发性有机化合物（VOC）用光离子化（PID）传感器等。

3. 军用毒剂侦检仪

主要由侦检仪、氢气罐、电池报警器、取样器等构成，用于侦检空气、地面或装备上的气态和液态毒剂，如沙林毒剂（GB）、芥子气（HD）、维埃克斯神经毒剂（VX）等军事毒剂。仪器使用后要及时进行洗消，取样刮片严禁用手或手套触摸。

4. 智能型水质分析仪

能对地表水、地下水、各种废水、饮用水及处理过的小固体颗粒内的化学物质进行定量分析，包括水中氰化物、甲醛、硫酸盐等多种有毒物质。

5. 电子气象仪

电子气象仪是一款携带方便、操作简单、集多项气象要素于一体的可移动式气象观测仪器，系统采用精密传感器及智能芯片，可准确测量风向、风速、气压、温度、湿度等气象要素。

6. 激光测距仪

激光测距仪是利用调制激光的某个参数实现对目标的距离测量的仪器，具有重量轻、体积小、操作简单、测量温度速度快且准确等特点，其误差仅为其他光学测距仪的五分之一到数百分之一。

7. 核放射探测仪

核放射探测仪采用高灵敏的闪烁晶体作为探测器，反应速度快，是用于监测各种放射性工作场所 γ 射线、X 射线辐射剂量率的专用仪器。该仪器具有更宽的剂量率测量范围，且能准确测量高能、低能 γ 射线、X 射线，具有良好的能量响应特性。

8. 电子酸碱检测仪

电子酸碱检测仪具有全智能、多功能、测量性能高、环境适应性强等特点，可广泛应用于化工、危险化学品等行业，对液体中酸碱浓度或溶液氧化还原电位进行连续监测。

9. 测温仪

红外测温仪由光学系统、光电探测器、信号放大器及信号处理、显示输出等部分组成。红外能量聚焦在光电探测器上并转变为相应的电信号，该信号经过放大器和信号处理电路，并按照仪器内部算法和目标发射率校正后转变为被测目标的温度值。

10. 漏电检测仪

漏电检测仪是用于检测漏电现象的设备仪器。该仪器利用传感、感应等技术探测电源泄漏并确认泄漏电源的具体位置，支持多种环境下的漏电检测，具备自动探测电流、电场或电压强弱及自动报警等功能。

11. 氧气检测仪

氧气检测仪是利用氧气与其他气体的物理性质不同，通过传感器检测环境中氧含量不足或氧含量过高的仪器设备。一般情况下，氧气检测仪使用的是电化学传感器、氧化锆传感器等；其工作原理是通过氧化还原反应使电极上的电荷发生变化，从而判断氧气浓度。

3.4.3 救援队伍危险化学品安全评估侦检装备

上面介绍了危险化学品安全评估侦检仪器，每个灾种及救援队伍情况存在差别，具体配备到救援队伍的危险化学品安全评估侦检仪器也不一样，需要根据队伍建设规模及经费情况来确定。下面给出地震灾害救援队伍危险化学品安全评估侦检装备配备要求及主要技术指标（表 3-5）以供参考。

表 3-5　侦检装备配备要求及主要技术指标表

序号	装备名称	单位	数量			性能和技术指标
			重型	中型	轻型	
（一）气体侦检						
应配						
1	多功能气体侦检仪	台	6	3	2	便携式，用于同时探测多种气体浓度，至少应包括氧气、可燃气体浓度探测功能，包括硫化氢、一氧化碳等常见有毒气体探测功能；超过预设浓度范围应发出声光警报，探测范围应覆盖下列体积比范围：氧气探测（0~30%）VOL（体积百分比浓度），可燃气体探测（0~100%）LEL（爆炸下限），硫化氢探测其质量分数为（0~100）$\times10^{-6}$，一氧化碳探测其质量分数为（0~1000）$\times10^{-6}$。应具有防爆性能，取得防爆认证
选配						
1	氧气检测仪	台	2	1	—	便携式，用于检测环境中的氧气浓度，具有声光报警功能，氧气浓度超出预设范围时发出声光警报，检测范围（0~30%）VOL。应具有防爆性能，取得防爆认证
2	可燃气体侦检仪	台	2	1	—	便携式，用于探测环境中可燃气体浓度，具有声光报警功能，达到预设浓度值时发出声光警报，探测范围（0~100%）LEL。应具有防爆性能，取得防爆认证
3	气体分析仪	台	1	—	—	便携式或车载，具有泵吸功能，用于分析现场环境中危险气体成分。可选用气相色谱质谱联用仪或傅里叶红外光谱仪，配有谱库自动检索功能，5 min 内完成定性/半定量分析，检出限优于 1 ppm
（二）漏电源侦检						
应配						
1	漏电检测仪	台	4	2	2	便携式，用于探测救援现场泄漏电源位置，具有声光报警功能，检测频率（20~100）Hz 交流电

表 3-5（续）

序号	装备名称	单位	数量			性能和技术指标
			重型	中型	轻型	
（三）放射性侦检						
应配						
1	辐射检测仪	台	2	1	—	便携式，用于探测救援现场 α、β、γ 射线的辐射强度。具有声光报警功能，达到预设辐射强度时发出声光报警，剂量率范围（0.01～10000）μSv/h
（四）化学品侦检						
选配						
1	固液检测仪	台	1	—	—	便携式或车载，用于分析现场可疑固体、液体化学品成分。可选用傅里叶红外光谱仪或拉曼光谱仪，配有谱库自动检索功能，30 min 内完成定性/半定量分析，检出限优于 1 ppm

3.5 危险化学品安全评估辅助装备

在自然灾害救援现场危险化学品安全评估过程中辅佐、协助安全评估工作完成的装备，即为辅助装备，如警戒装备、通信装备、照明装备、辅侦装备、救护装备、洗消装备、运输装备等（表 3-6），没有这些装备将影响安全评估工作快速有效完成。

表 3-6 危险化学品安全评估辅助装备简表

类别	分类	适用范围
警戒装备	警戒标志杆	一般采用多个组合使用，适用于灾害、事故或特殊作业现场如危险化学品侦检处置的四周警戒，能够起到警戒隔离、安全保障的作用，有发光或反光功能
	警戒带	用于危险化学品事件的现场隔离，圈定事故现场或警示规范特殊区域，如隔离区域、危险区域、危险化学品侦检区域等；使用方便，不会污染现场环境，色泽鲜艳，起到临时分隔场地的划分
	警戒灯	警示灯主要用于维护安全，警示周围群众或应急处置人员某地或某区域存在危险，如自然灾害救援现场危险化学品事故现场，该装备配合其他警戒装备使用，一般晚上使用

表 3-6（续）

类别	分类	适用范围
警戒装备	警示牌	当危险发生时，能够指示人们尽快逃离，或者指示人们采取正确、有效、得力的措施，对危害加以遏制；警示工作场所或周围环境的危险状况，指导人们或应急处置人员采取合理行为的标志
	警戒桶	警戒桶是一种用于检测潜在危险的安全设备。它可以检测出潜在的危险，以便及时采取预防措施，通常由一个罐体和一个探测器组成。探测器可以检测气体、液体或温度等，当探测到危险气体或液体时，警戒桶会发出警报，以提醒人们注意安全
通信装备	一般通信设备	一般是在自然灾害救援现场民用通信未毁损的情况下，危险化学品安全评估人员使用民用通信系统或网络，包括有线电话、对接机群、移动电话等
	应急指挥通信设备	在自然灾害救援现场民用通信毁损时，危险化学品安全评估人员使用应急指挥通信设备进行不同部门、不同人员以及现场的通信联络。一般应急指挥通信设备放在车上，实现语音、数据、图像传输等功能，为安全评估人员提供通信保障
照明装备	个人携带式照明设备	分为手持式电筒、头盔式电筒、手提式强光照明灯、便携式探照灯等；手持式电筒、头盔式电筒、手提式强光照明灯适用范围小；便携式探照灯照明距离远、范围大
	移动式照明设备	包括气动升降照明灯、充气照明灯柱、逃生导向照明；气动升降照明灯目前应急队伍配备较多，充气照明灯柱适用于户外大面积应急处置场所；逃生导向照明适用于浓烟、易燃易爆气体环境
	照明车	主要为夜间或缺乏电源的安全评估工作提供照明与电力，包括发电机、固定升降照明塔、移动灯具及通信器材
辅侦装备	无人机	快速高效用于救援现场危险化学品危险区域勘察、确定
	机器人	侦检救援现场高危险区域如高温、爆炸、腐蚀、剧毒、核辐射等的危险化学品浓度

表3-6（续）

类别	分类	适用范围
救护装备	救护车	救护车分为普通救护车和ICU救护车；普通救护车配备一些简单医疗设备和急救药品，对伤害者进行简单处理；ICU救护车相当于小型ICU病房和小型手术室，主要对危重伤害者进行救治
	自动呼吸复苏器	用于对丧失自主呼吸能力的伤害者或呼吸困难伤害者进行供氧
	担架	用于运送不能行走的伤害者，是最常用的救护工具，种类多，如帆布（软）担架适用神志轻伤者，重症及外伤者不适用，铲式担架适用各种急救现场、狭小楼道救护和转送各种伤害者
	夹板	用于固定伤害者伤害部位，有高分子夹板、组合夹板、多能关节夹板、四肢充气夹板、真空夹板等
洗消装备	洗消设备	洗消设备一般包括洗消点、大型公众洗消设备、个人洗消帐篷、移动洗消装备等，用于危险化学品事故中污染人员、设备、场地等的洗消
	输转装备	常见的输转装备包括有毒物质密封桶、液体抽吸泵、液体吸附/吸收垫、输转车等，用于危险化学品泄漏物、处置污染物、洗消产生的废物等收集与输转
运输装备	车辆装备	包括保障车辆、运输车辆、通信指挥车辆、侦检车辆等为危险化学品安全评估运输人员、设备仪器、通信、照明灯
	舟船装备	水上运输危险化学品安全评估人员、装备物资等有关交通工具

3.5.1 警戒装备

警戒装备主要用来在危险化学品安全评估应急处置过程中，圈划隔离区域、危险区域、安全区域以及安全评估侦检区域等，指引相关人员、应急处置人员的应急处置位置与进出方向，避免造成混乱。常用的警戒装备包括警戒标志杆、警戒带、警戒灯、警示牌、警戒桶等。

3.5.2 通信装备

通信装备是指在自然灾害救援现场危险化学品安全评估中为安全评估处置提供通信保障的通信联络设备与器材的总称。通信装备按范围分为一般通信设备和应急指挥通信设备，按用途和使用条件分为移动式通信装备和固定式通信装备，按功能分为传输设备、交换设备、终端设备、保密设备、供电设备、测试设备等。

3.5.3 照明装备

照明装备指用于提高救援现场危险化学品安全评估场所光照亮度的设备，包括大面积与个人小范围使用的照明设备。照明装备按性能分为普通型、防水型、防爆型，按携带方式分为个人携带式、移动式和车载式（照明车），个人又分为手持式和头盔式等。

3.5.4 辅侦装备

辅侦装备是指在自然灾害救援现场危险化学品安全评估中用于高危区域快速、高效勘察、确定以及危险因素侦检的设备，如无人机、机器人等。

3.5.5 救护装备

救护装备是指在灾害事故现场对被伤害者进行现场急救、转移的专业工具，主要包括救护车、自动呼吸复苏器、担架、夹板等。

3.5.6 洗消装备

洗消装备主要是指用于危险化学品安全评估人员和其他应急处置人员、装备、现场、污染物、服装等的洗消以及危险化学品泄漏物、废物的收集、输转等设备。

3.5.7 运输装备

运输装备是指运输危险化学品安全评估工作所需人员、侦检仪器及其辅助设备等的交通工具，如车辆、舟船等。

3.6 危险化学品事故救援装备

自然灾害救援现场危险化学品安全评估主要工作有：危险化学品浓度侦检以及污染范围确定、气象变化监测等，建立隔离区、危险区、安全区等，辅助交通、公安、消防、医疗等部门完成应急处置工作，提出危险化学品处置策略与建议。因此，了解与运用救援装备（表3-7），是合格安全评估人员必备的技能，可以更有效地开展安全评估工作以及协助专业人员降低或消除危险化学品危害，下面按功能简单介绍。

表3-7 危险化学品事故现场救援装备简表

类别	分类	适用范围
堵漏装备	外封式堵漏袋	堵塞管道、油罐车、桶与储罐等容器的窄缝状裂口及孔洞，承压0.15 MPa，最大堵400 mm左右的长裂缝
	内封式堵漏袋	管道内堵漏，一般适用内径5~1400 mm的带有快速接头的输气管，短期耐热90 ℃，长期耐热85 ℃
	捆绑式堵漏带	分为气压式和胶粘式，气压式用于直径50~480 mm的管道非破裂时堵漏；胶粘式是危险化学品管道泄漏专用的快速堵漏装备

表 3-7（续）

类别	分类	适用范围
堵漏装备	磁压式堵漏器	用于中低压、大直径储罐和管线的堵漏，温度<80℃的水、油、气、酸、碱、盐等
	粘贴式堵漏器	法兰、盘根、管壁、罐体、阀门等部位发生点状、线状和蜂窝状泄漏时堵漏
	注入式堵漏器	各种危险化学品如油、液化气、可燃气的法兰、阀芯等部位泄漏时堵漏，分为普通型与防爆型
	套管式堵漏器	各种金属或非金属管道的孔、洞、裂缝的密封堵漏
	楔塞式堵漏器	分为木楔和气压两种，有不同形状、大小，进行防裂、抗腐蚀、防水等处理；气压式单人能迅速密封油罐车、液柜车或储罐的小孔
灭火装备	干粉灭火器	扑救石油、石油产品、油漆、有机溶剂等易燃液体、可燃气体和电器设备的初起火灾，分为手提式和推车式
	二氧化碳灭火器	扑救电器、珍贵设备、档案资料、仪器仪表等初起火灾，不能扑灭钾、钠等轻金属火灾，分为手提式和推车式
	化学泡沫灭火器	扑救一般物质或油类等易燃液体、一般固体物质，不适用扑救电器设备、有机溶剂和轻金属的火灾，分为普通型和舟车型
	清水灭火器	扑灭竹、木、棉、毛、草、纸等物质的初起火灾，不适用油脂、石油产品、电器设备和轻金属的火灾
	消防车	可喷射灭火剂，包括泵浦、水罐、泡沫、干粉、二氧化碳、登高平台、云梯、高喷、涡喷、三相射流等消防车
	消防炮	远距离扑救火灾的消防设备，按喷射介质分为水炮、泡沫和干粉等，按启动方式分为远控和手动，远控适用于爆炸危险性场所、大量有毒有害气体产生的场所、高度超过 8 m 且火灾危险性较大的室内场所
	消防泵	用于消防增压送水，可输送不含固体颗粒的清水及理化性质类似于水的液体，如按压力分为低压、中低压、高低压等消防泵

表 3-7（续）

类别	分类	适用范围
破拆装备	手工破拆工具	包括多功能消防斧、铁铤和无火花防爆工具。消防用于斧破拆建筑构件、砖木结构及破墙凿洞、挖掘砖墙等，铁铤用于破拆门窗、地板及开启消火栓等，无火花防爆工具用于易燃易爆环境破拆
	动力破拆工具	包括锯、气动切割刀、气动破拆工具组、液压剪扩两用钳。锯用于切割金属、玻璃、木质物体等，气动切割刀用于切割薄壁、车辆金属和玻璃等，气动破拆工具组用于凿门、飞机破拆、防盗门破拆等，液压剪扩两用钳用于剪切、扩张、牵拉等
	化学破拆工具	包括氧气切割器、丙烷气体切割器。氧气切割器用于刺穿、切割、开凿等烧割破拆，温度达 5500 ℃，能熔化大部分物质；丙烷气体切割器用于坚固及不易手锯、电锯破拆的金属结构障碍物
攀登装备	单杠梯、挂钩梯、救生软梯、套管式折叠梯等	在无现成的登高装置时，救援人员利用这些装备可以快速架设、移动、攀爬进入更高的位置进行应急处置工作
排烟装备	排烟机	将有毒有害气体从狭小空间排出去，同时将新鲜空气吹进去，包括水驱动、机动、电动、小型坑道等排烟机。水驱动排烟机用于易燃易爆场所，机动排烟机在易燃易爆场所慎用但排烟量大
	排烟车	将风机、导风管装备在车上，用于火场排烟或强制通风，适合扑救地下建筑和仓库等场所火灾时使用

3.6.1 堵漏装备

堵漏装备按主体材质分为普通型堵漏装备和防爆型堵漏装备。普通型堵漏装备由不锈钢等材料制成，用于非易燃易爆泄漏场所；防爆型堵漏装备由铍、铝、铜等材料制成，用于易燃易爆泄漏场所。

3.6.2 灭火装备

灭火装备是用于扑灭火灾的装备，是火灾救援的重要器材与物资，主要包括灭火器、消防车、消防炮、消防泵等。

3.6.3 破拆装备

在自然灾害引发危险化学品事故时，破拆装备主要是救援人员快速破拆、清除防盗窗栏杆、倒塌建筑钢筋、窗户栏等障碍物所使用的工具、设备，如危险化学品发生爆炸、火灾以及自然灾害等情况下快速清除障碍物。破拆装备分为手工破拆、动力破拆及化学破拆三大类。

3.6.4 攀登装备

攀登装备是指在自然灾害救援过程中如火灾等，没有直接使用的登高装置时而使用的装备。这些装备可以快速架设、移动、攀爬进入更高的位置进行应急处置工作。使用时应根据攀登高度、险情类型以及场地情况选用合适的攀登装备。

3.6.5 排烟装备

排烟装备主要用于自然灾害救援现场危险化学品泄漏或爆炸时有毒有害物质浓度较高、积聚的地方进行空气稀释吹散，或在密闭空间抽排，增加新鲜空气。排烟装备分为排烟机和排烟车。

思 考 题

1. 危险化学品安全评估装备原则及分类是什么？
2. 简述危险化学品防护原理及其分类。
3. 如何选取危险化学品个人防护装备？
4. 如何进行危险化学品临时防护？
5. 危险化学品安全评估侦检仪器如何分类？其定量侦检仪器有哪些？
6. 危险化学品安全评估辅助装备有哪些？

4 危险化学品安全评估技能

自然灾害救援现场危险化学品安全评估是灾害救援队伍的重要任务，保障着救援活动的顺利开展，由灾害救援队伍里的评估分队中的危险化学品安全评估小组负责。一旦自然灾害救援现场发生危险化学品事故，安全评估人员将进行安全评估，给出救援环境安全状态及其趋势，为救援行动及危险化学品事故处置的开展提供可靠有效的安全对策与措施。因此，自然灾害救援现场危险化学品安全评估技能直接影响灾害救援队伍的救援能力。

4.1 危险化学品安全评估队伍

4.1.1 评估队伍人员

灾害救援队伍一般包括救援分队、通信分队、保障分队、评估分队、医疗分队等。评估分队即救援现场安全评估分队，包括地质安全评估小组、建筑结构安全评估小组、危险化学品安全评估小组，主要任务是为救援分队开展救援行动提供安全保障。

危险化学品安全评估小组一般至少设组长一名，组员酌情配置。不同级别的灾害救援队危险化学品安全评估小组人员配置不是一成不变的，如重型灾害救援队应设组长、副组长各一名，组员若干。

4.1.2 危险化学品评估队员遴选

危险化学品现场评估队员遴选是指挑选、选拔危险化学品现场评估队员具体要求及条件。这关系着整个评估队伍的基本素质、业务素质以及以后业务水平发展程度。因此，制定全面合理的遴选要求、条件是建立一支高水平评估队伍的基本保障。

（1）身体健康，可胜任自然灾害救援现场危险化学品安全评估工作，无传染性疾病。

（2）具有大专以上文化（最好为危险化学品专业）。

（3）遵纪守法，无任何劣迹。

（4）同意接种白喉、破伤风、甲乙型肝炎、麻疹、风疹和骨髓炎等卫健部门规定的相关预防疫苗。

（5）具有人道主义、救死扶伤愿望与精神。

（6）通过基本体能测试（如体重、身高、中长跑、引体向上、俯卧撑、游泳等）。

（7）县级及以上医疗机构体检健康合格。

4.2 危险化学品安全评估职责

危险化学品安全评估职责即危险化学品安全评估队伍在救援现场危险化学品安全评估工作中承担的任务、责任，主要有以下职责。

（1）建立评估组织。

（2）确定安全评估目的。

（3）确定评估范围及对象。

（4）选择科学合理的评估方法。

（5）确定评估准则。

（6）依据已确定的评估方法、评估对象、评估准则，进行危险化学品风险侦测、监控和评估以及漏电、氧气含量、气象等检测。

（7）根据安全评估结果及救援现场安全状态等，确定安全控制措施与对策。

（8）协助当地交通、公安、消防、环境、专业危险化学品处置人员以及医疗急救人员等，开展应急处置工作。

（9）定期向灾害救援队、领导汇报情况。

（10）消洗应急处置人员、设备及救援现场。

4.3 危险化学品安全评估能力

能力是完成一项目标或者任务所体现出来的综合素质。自然灾害救援现场危险化学品安全评估能力是指危险化学品安全评估队伍的综合能力，包括业务能力、组织管理能力、保障能力等。

4.3.1 危险化学品安全评估业务能力

1. 危险化学品安全评估组长能力

危险化学品救援现场安全评估组长能力不仅是其个人才能的体现，更是关系着整个危险化学品安全评估小组业务水平高低和发展趋势。制定并选拔素质好、能力强的队员担任组长具有重要意义。

（1）熟悉危险化学品法律法规和标准规范。

（2）掌握危险化学品的物理化学性质、毒理性质和应急处置措施。

（3）根据危险化学品危害，评估应急人员、应急救援装备物资配置需求。

（4）分析评估危险化学品危害扩散范围和可能引发的不安全因素及其后果。

（5）根据危险化学品危害程度辨识危险区域。

（6）根据危险化学品危害发展变化情况，制定和调整应急处置策略和方案。

（7）掌握危险化学品安全评估队伍人员情况，编制日常体能、技能和装备器材操作训练计划、方案，组织实施训练和演练工作。

（8）运用新技术、新装备组织实施安全评估工作。

（9）熟悉各种危险化学品事故现场常见风险，具备辨识风险的能力，能够及时组织人员疏散和撤离。

2. 危险化学品安全评估队员评估能力

危险化学品救援现场安全评估队员能力是其应急处置危险化学品事故综合素质的体现，不仅需要良好的心理素质、扎实的业务技能，更需要实践经验的支撑。表4-1为危险化学品救援现场安全评估队员处置能力简表。

表4-1　危险化学品救援现场安全评估队员能力简表

序号	技能	技能描述
1	个人保护及装备使用	（1）依据危险化学品物理化学性质、危害程度、个人防护等级及装备配备要求，结合救援现场危险化学品危险情况，正确选择和使用个人防护装备； （2）掌握自救和生存技术以及如何识别危险与避险； （3）掌握特种设备的使用流程和安全注意事项； （4）掌握新技术、新装备的使用流程和安全注意事项
2	快速侦检与初步分析	（1）具备利用漏电检测仪快速侦检漏电的能力； （2）具备利用氧气检测仪快速检测氧气含量并评估其安全的能力； （3）具备初步判断危险化学品的类型、扩散途径及相应的侦检方法； （4）熟悉未知危险化学品必备的定性筛查方法； （5）进入事故现场，进行现场快速危险化学品侦检； （6）能够利用事故现场快速侦检结果，结合其环境信息进行初步分析判定
3	侦检路线选择及安全防护	根据侦检初步分析判定，合理选择应急处置路线，确定防护、管控等级
4	现场警戒疏散	根据划定的危险区域设置警戒范围，中止救援行动、疏散救援人员以及其他非应急人员，并协助当地交通、公安、消防、医疗、环境等开展相应处置工作
5	现场侦检与处置建议	（1）利用询问、观察、仪器侦检等形式进行现场危险化学品侦检； （2）根据现场侦检分析其结果，给出处置措施、建议

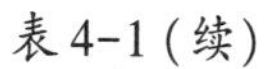

表4-1（续）

序号	技能	技能描述
6	火灾扑救	（1）使用现场消防设施、车载及手持灭火设备和工器具进行灭火； （2）根据危险化学品物理化学性质对其火灾进行扑救或协助当地专业人员开展火灾扑救工作
7	泄漏、泄漏物控制	根据泄漏后危险化学品危害、表现，选择、实施或协助专业危险化学品处置人员对泄漏、泄漏物进行控制
8	爆炸、爆炸物处置	根据危险化学品爆炸物理化学性质及其爆炸现场危害、表现，选择、实施或协助专业危险化学品处置人员对爆炸、爆炸物进行处置
9	人员救助	（1）根据救援场景不同，使用安全带、安全绳、缓降器、逃生面罩、担架等转移或协助转移被困人员或受伤人员； （2）对救出人员进行必要的紧急救助或协助医疗人员开展工作
10	现场洗消	选择适用的洗消剂和洗消方法对救援设备、侦检设备、人员、救援现场等进行洗消
11	应急侦检设备使用与维护	掌握危险化学品应急侦检设备的基本操作流程和维护管理事项
12	通信设备使用与维护	熟练掌握通信设备特别是移动通信设备原理、应用及维护，畅通安全评估小组与相关领导、部门之间的交流渠道
13	新技术新装备使用与维护	掌握无人机、机器人等新技术新装备原理以及在危险化学品安全评估工作中的基本操作流程、使用与维护等事项

4.3.2 危险化学品安全评估组织管理能力

组织管理能力是指按照既定目标任务和决策要求，进行统筹安排，组建一套科学合理的组织机构和团队，把各种资源有效地组合起来，协调一致地保证组织决策顺利实施的能力。因此，建立健全组织的规章制度并保障执行是组织管理能力的体现。

1. 建立健全规章制度

（1）岗位安全职责。

（2）应急值守。

（3）侦检装备物资储存、调配、使用及维护保养。

（4）隐患排查治理。

（5）危险化学品实验室安全管理制度。

（6）应急处置培训和训练管理，包括业务、体能、技能训练。

（7）应急预案和演练管理。

（8）安全评估制度和工作总结。

（9）建立专家队伍技术支撑机制。

2. 规章制度执行考核

完善的规章制度是一个组织具有较强管理能力的条件，规章制度的有效执行是管理能力的落脚点。所以，建立健全规章制度执行记录或台账并将相关资料归档留存，是十分必要的。

（1）岗位安全、应急职责考核。

（2）应急救援工作日志（含交接班记录）。

（3）出队记录、事故处理信息。

（4）侦检装备物资明细、维护保养、出入库。

（5）隐患排查治理考核。

（6）应急培训及训练过程、考核及评价。

（7）应急演练过程及评估。

（8）安全评估工作总结和评估。

（9）专家队伍技术支撑管理相关材料及记录。

（10）个人防护用品发放。

4.3.3 危险化学品安全评估保障能力

保障能力是指自然灾害救援现场危险化学品安全评估队伍在安全评估时在后勤装备、应急物资保障等方面的能力。包括安全评估车船（表4-2）、个人防护装备（见第3章“危险化学品安全评估装备”“表3-1 危险化学品安全评估人员个人防护装备表”）、侦检装备（表4-3）、综合保障装备（表4-4）等。

表4-2 安全评估车船配备简表

序列	装备名称	主要用途
1	保障车辆	保证救援现场危险化学品安全评估工作持续安全开展，具备气体供应、化学消洗、人员输送等功能
2	运输车辆	运输危险化学品安全评估人员、装备物资
3	通信指挥车辆	实现危险化学品安全评估工作的单人信息传输、高清摄像传输、卫星通信等指挥功能
4	侦检车辆	危险化学品安全评估的应急检测设备的运输、能源供给以及作为现场快速检测移动实验室
5	运输舟船	运输危险化学品安全评估人员、装备物资

表 4-3 侦检装备配备简表

序列	装备类别	装备名称	主要用途
1	侦检装备	危险化学品现场定性检测仪器	鉴定危险化学品物理化学性质和类型（便携式）
2		可燃气体检测仪	检测事故现场易燃易爆气体浓度
3		有毒气体检测仪	探测有毒、有害气体及氧含量
4		有毒液体检测仪	检测有毒、有害液体浓度，具有报警功能
5		有毒物质识别仪	检测有毒液体、固体和粉末物质
6		便携式气象仪	测量风速、风向、温度、湿度、大气压等气象参数
7		水质分析仪	定量分析液体的化学成分
8		辐射检测仪	检测 α、β、γ 和 X 射线的强度
9		便携式测温仪	检测现场温度（环境和设备）
10		测距仪	测量距离
11		漏电检测仪	测量电流、电压、电场
12		氧气检测仪	检测氧气含量或浓度
13	采样装置	取样器	现场危险化学品或污染物采样
14		取样箱	

表 4-4 综合保障装备配备简表

序列	装备类别	装备名称	主要用途
1	通信	对讲机	用于救援现场危险化学品安全评估时无线通信、调度、指挥
2		喉振对讲机	用于危险化学品安全评估时有限空间作业，保持沟通、联系
3		车载台	车载通信
4	照明	发电车	发电供电，用于检修设备、野外侦检作业
5		移动发电机	灾害现场设备供电
6		移动照明灯组	灾害现场作业照明
7		防爆手电	照明和侦检

表 4-4（续）

序列	装备类别	装备名称	主要用途
8	警戒	警戒标志杆	灾害事故现场警戒，有反光功能
9		锥形事故标志柱	灾害事故现场道路警戒
10		隔离警示带	灾害事故现场警戒，有双面反光功能，与标志杆配套使用，易燃易爆环境应为无火花材料
11		出入口标志牌	灾害事故现场标示，图案、文字、边框均为反光材料，与标志杆配套使用
12		危险警示牌	灾害事故现场警戒警示，分为有毒、易燃、泄漏、爆炸、危险等 5 种标志，图案为反光材料，与标志杆配套使用，易燃易爆环境应为无火花材料
13		闪光警示灯	灾害事故现场警戒警示
14		手持扩音器	灾害事故现场指挥，同时具备报警功能
15	洗消	移动式洗眼器	无固定水源或者需要经常变动工作环境时，对眼睛和身体进行紧急冲洗或者冲淋
16		酸、碱清洗剂	手部或身体小面积部位的洗消
17		酸、碱洗消设备	化学灼伤部位的洗消
18		氧化、还原洗消剂	洗消剂与毒物发生氧化还原反应，达到洗消目的
19	信息采集	防爆照相机、摄像机、记录仪	留存危险化学品安全评估过程影像
20	生活保障	饮水净化设备	用于野外长时间危险化学品安全评估补给水源
21		露营装备	用于野外长时间危险化学品安全评估时住宿

4.4 危险化学品安全评估能力提升

安全评估队伍具有的能力只能代表现实的水平，并不代表未来的能力。救援现场危险化学品安全评估处置新理论、新方法、新技术和新装备日新月异、不断更新，不及时进行安全评估队伍能力的提升将不能适应复杂多变的安全评估新需求、新要求。安全评估能力提升包括业务能力、管理能力、保障能力等提升。

4.4.1 业务能力提升

1. 培训

危险化学品安全评估培训不仅包括危险化学品基础知识、危险化学品应急处置、危险化学品应急防护与装备、危险化学品应急处置案例和新技术、新装备等，更应该包括自然灾害基础知识、自然灾害救援现场基本特征、自然灾害救援基本装备及使用、自然灾害救援基本处置技术和案例等。

（1）分级制定年度培训计划，分为初级、中级、高级培训计划。初级培训针对刚遴选为危险化学品现场安全评估队员，中级培训针对具有一定专业安全评估相关知识并从事了一定时间安全评估工作的人员，高级培训针对具有较好的专业安全评估相关知识并从事了较长时间安全评估工作的人员。

（2）根据表4-5的要求设定培训内容，针对应急管理、危险化学品基础知识、危险化学品应急处置、危险化学品应急防护与装备、危险化学品应急处置案例和新技术、新装备以及自然灾害基础知识、自然灾害救援现场基本特征、自然灾害救援基本装备及使用、自然灾害救援基本处置技术和案例等开展培训并进行考核。

（3）设定小组负责人首次培训时间和每年再培训时间。

（4）除小组负责人外，需要设定初级培训人员首次培训时间、每年再培训时间，中级、高级培训人员每年再培训时间；兼职人员首次培训时间、每年再培训时间。

表4-5　自然灾害救援现场危险化学品安全评估培训内容

序号	类别	分项	项目	内容
1	应急管理	管理知识	应急管理体系	国家、行业、地方应急管理法规、组织、预案、运行机制等相关知识
2		专业知识	危险化学品应急管理	地方、区域或全国危险化学品基本情况，包括生产、储存、使用分布情况以及安全设施、安全措施等
3			自然灾害应急管理	地方、区域或全国自然灾害基本情况、危害、发生规律以及建筑、交通、水利、气候、地理、地质等基本情况特征
4	危险化学品	危险化学品基础知识	危险化学品识别及危险性分类	国家、行业、地方标准中对危险化学品识别与危险性划分
5			危险化学品特性、危险及其事故类型	危险化学品物理化学性质、特性、危害以及可能引发的事故
6		危险化学品应急处置	应急处置原则	危险化学品应急处置基本程序、原则以及禁忌物料、注意事项等
7			应急处置基本方法	不同危险化学品的处置方法

表4-5（续）

序号	类别	分项	项目	内容
8	危险化学品	危险化学品安全评估	危险化学品安全评估处置	危险化学品安全评估处置流程、方法、内容
9			侦检程序、方法及手段	危险化学品侦检程序、方法、手段和侦检器材使用
10			监测危险化学品危险源变化方法、手段	危险化学品危险源动态监测方法、手段和仪器使用
11			检测漏电方法、手段	漏电检测仪监测方法、手段和仪器使用
12			检测氧气含量或浓度方法、手段	氧气检测仪检测原理、方法和仪器使用
13			气象、水文等监测方法、手段	气象、水文等监测原理、方法、手段和仪器使用
14			通信设备使用与维护	通信设备基本原理、使用和日常维护与管理
15			新技术新装备使用与维护	新技术新装备原理以及在危险化学品安全评估工作中使用、维护和管理
16			洗消处理的选择与应用	正确选用洗消剂、洗消方式对设备、人员、场地等进行洗消
17			安全评估及对策	危险化学品危险源及其救援环境安全状态评估，并给出处置措施与对策
18		危险化学品应急技能与装备	救护基本知识	危险化学品分类、分级、特性和救护基本知识
19			个体防护	危险化学品伤害类型、个体防护分级和个体防护装备配备要求
20			个人自救生存技能	游泳、自救和生存技术、车船操作以及危险识别与避险等
21			应急救援现场抢救与急救	窒息性、有毒气体中毒现场急救，化学烧伤、灼伤现场急救，火灾爆炸事故现场急救等
22			紧急避险与自救	救援处置中救援人员可能伤亡的常见情况、抢险救援中防护基本措施

表 4-5（续）

序号	类别	分项	项目	内容
23	危险化学品	危险化学品应急技能与装备	防护装备与器材	防护装备与器材的种类、选用、使用和维护保养
24			应急救援车船	应急救援车船的种类和用途、性能特点、使用方法
25			抢险救援类装备物资	装备物资的分类、用途、特点以及使用方法和注意事项
26			综合保障类装备物资	装备物资的分类、用途、特点以及使用方法和注意事项
27		危险化学品应急处置案例		不同自然灾害、不同救援场地、不同危险化学品及其事故相关应急处置案例
28		危险化学品应急处置新技术、新装备		应急救援新技术、新装备的使用要求、注意事项和维护等
29	自然灾害	自然灾害基础知识	自然灾害及其救援现场分类和特点	国家、行业、地方标准以及相关文献中对其划分和论述
30			自然灾害危害及其分布规律	国家、行业、地方规范及其相关文献中论述
31			区域、全国的地质、地理、水利、气候、交通、建筑结构等基本情况	相关文献或技术报告
32		自然灾害救援技术与装备	技术、装备	技术原理、特点以及如何在装备中应用，装备分类、用途、特点以及使用方法和注意事项
33			救援案例	技术、装备如何在救援案例中应用以及获得的经验与教训
34			新技术、新装备	新技术原理、创新，新装备如何使用、使用要求、注意事项及维护等

2. 训练

（1）队伍应制定年度训练计划，结合“4. 4. 1 业务能力提升”“1. 培训”的要求设定训练内容，开展训练并考核。

（2）队伍应根据年龄、级别和任务需求，开展体能专项训练。

3. 考核

安全评估培训与训练是提高评估能力的手段，考核是检验其效果的方法。

考核应分为理论考试、体能测试和技能考核三部分。理论考试包括自然灾害与危险化学品基本理论、应急救援与危险化学品安全评估理论，考试宜采取标准化考试，设优秀、合格、不合格等档次；体能测试的合格标准为能够达到体能训练规定的要求；技能考核包括应急救援与安全评估技能，一般是应急救援技能占比少、安全评估技能占比大，考核应通过设定模拟自然灾害救援现场危险化学品事故情景，采取实操方式，对仪器操作、结果分析和应急救援能力进行考核。

考核可以结合训练操法、训练设施和训练装备进一步确定评分细则。

4.4.2 管理能力提升

随着时间的推移以及队伍和任务的变化，过去一些规章制度需要完善与修改，以便跟上时代的步伐，提升管理能力。

（1）定期梳理现有规章制度特别是执行情况。

（2）调研行业、相关单位规章制度建设情况。

（3）分析队伍规章制度建设情况，哪些与国家、上级政策不符？哪些过去执行不力及其原因？

（4）根据国家、上级、行业要求，参考同行单位以及过去执行情况，提出规章制度建设意见和措施。

（5）制定完善规章制度。

（6）修改制定完善相应的规章制度考核方法。

（7）定期对安全评估队员进行规章制度培训与解读，特别是修改完善制定的规章制度。

4.4.3 保障能力提升

（1）定期梳理现有保障能力水平是否满足需求。

（2）梳理现有设备是否满足当前安全评估需要，特别是侦检设备。

（3）现有设备使用状况如何，特别是有多少老旧、无法使用的设备，做好更新淘汰手续。

（4）调研国内外救援现场危险化学品安全评估设备。

（5）现场安全评估小组根据国内外调研情况、现有安全评估设备状况和评估需求，提出设备更新换代方案。

（6）成立保障能力提升工作小组，包括单位领导、纪检、财务、救援、安全评估等人员和部门，提出保障能力提升方案。

（7）单位对保障能力提升工作小组提出的方案进行论证、批准。

（8）做好新设备登记、入库及日常保养维护。

（9）定期对安全评估队员进行评估设备培训、实操，特别是新设备。

4.5 危险化学品安全评估预案

危险化学品安全评估能力的提升从技术上保证了安全评估能力的提高；但是否达到预期目的以及存在何种问题和不足，特别是危险化学品安全评估各种能力之间协调性如何，需要进行验证与检验。为了有序开展危险化学品安全评估能力的验证与检验，须编制详细完整的危险化学品安全评估预案。

4.5.1 预案概念

危险化学品安全评估预案是指根据自然灾害救援现场危险化学品事故发生前的评估分析或经验，针对潜在的或可能发生的事故，事先制定的处置方案。

4.5.2 预案编制

1. 预案编制目的

预案编制的目的是在自然灾害救援现场发生危险化学品事故时，以最快的速度发挥最大的效能，有序实施现场安全评估，尽快提出有效得当的处置措施或策略，控制危险化学品危害发展，尽可能地消除、减少其对人、财产和环境所产生的不利影响或危害。

2. 预案编制原则

预案编制是一项专业化、系统化的工作，编制的质量直接关系到实施效果，预案编制的原则为：以人为本、健全机制，预防为主、平战结合，统一领导、分级负责，依靠科学、依法规范，快速反应、协同应对，符合实际、注重实效。

3. 预案编制流程

（1）成立工作组。结合灾害救援队、分队以及危险化学品安全评估小组在自然灾害救援和救援现场危险化学品事故处置过程中的职能分工，成立以救援队、分队、小组主要负责人为领导的预案编制工作组，明确编制队伍、职责分工并制定工作计划。

（2）资料收集。收集预案编制所需的相关资料，主要包括：①编制工作相关的法律法规、技术标准等；②危险化学品安全评估人员及侦检装备、保障等；③安全评估人员理论、技能水平等；④安全评估能力要求及目标等；⑤国内外自然灾害引发危险化学品事故安全评估处置资料及预案等；⑥地质、地形、周围环境、气候、交通等；⑦建（构）筑物结构、布局及平面立体图等；⑧危险化学品名称、分布、数量等；⑨相关人员、部门、单位等信息。

（3）危险源与风险分析。在自然灾害救援现场危险化学品危险因素分析、控制或消除的基础上，确定影响救援现场安全状态的危险源、可能发生事故的类型和后果，进行事故安全评估并指出事故可能产生的次生灾害，形成事故分析报告，分析结果作为预案的编制依据。

（4）安全评估能力评估。对灾害救援队危险化学品安全评估装备、队伍等能力进行评估，并结合救援队实际，加强危险化学品安全评估能力建设。

（5）预案编制及注意事项。针对可能发生的自然灾害引发的危险化学品事故，按照有关规定和要求编制预案。预案编制过程中，应注重灾害救援队伍中全体安全评估分队人员参与和培训特别是危险化学品安全评估人员，使所有与事故有关的安全评估人员均掌握危险化学品的危险性、处置方案和技能，包括漏电、氧气检测以及危险化学品侦检、环境气候因素监测等，预案充分利用救援队应急资源、专业应急资料，与救援队预案、消防部门预案、危险化学品专业应急队预案等相衔接。

（6）预案评审与发布。预案评审由救援队（单位）主要负责人组织，安全评估分队、危险化学品小组和人员参加。评审后，按规定报有关部门备案，并由救援队（单位）主要负责人签署发布。

4.5.3 危险化学品安全评估预案构架

危险化学品安全评估预案是现场预案，一般包括以下几个方面。

1. 标题

如×××地区自然灾害救援现场危险化学品安全评估预案。

2. 前言

分析救援现场危险化学品安全评估工作中存在的问题，再结合上级的指示以及救援现场危险化学品安全评估理念、能力等，提出预案的总任务、目标。

3. 主体

（1）指导思想：制定、执行预案的重要性、必要性和总的原则与理念。

（2）适用范围：预案适用自然灾害救援现场危险化学品安全评估，包括地震、雷电、洪涝、泥石流、海啸等自然灾害引起的危险化学品事故安全评估。

（3）组织架构：组织架构为救援现场安全评估人力分工配置部分，包括领导小组、现场机构与成员、后勤技术支撑人员等，只有组织架构清晰合理，才能确保分工到人，责任明确。

（4）信息联络：信息联络是预案的重要内容，包括与各其他分队横向联系的方式与责任人，也包括救援队内部以及与×××地区应急、专业处置单位（机构或组织）等紧急状态下的联系方式，将具体的人员名单、电话号码、单位、地址等列于附件。

（5）具体任务、措施和步骤：该部分是预案的实质性核心部分，通常将自然灾害救援现场危险化学品安全评估按自然灾害种类、危险化学品危害形式与方式、危险化学品物理化学性质、救援现场地形地貌等进行分类，并将救援现场区域划分成若干责任区，根据分类分区形成不同章节，各自围绕任务、措施、步骤分别阐述。

4. 结尾

一般再次强调执行此预案的希望和要求，总结全文；对于预案没有预计到的情况、问题，该部分应给予如何处理的建议。

5. 附件

包括简单的、同质性的文字部分、各种数据、区域分布情况等以及预案引用的相关法律、法规、文献等。

4.6 危险化学品安全评估演练

预案是应对自然灾害救援现场危险化学品安全评估的措施，必须不定期进行演练，检验预案可操作性以及是否合理、有效，为完善预案提供可靠的技术支撑，同时可提高处置自然灾害救援现场危险化学品安全评估能力。因此，预案演练非常必要且具有重要的现实意义。

4.6.1 演练概念

演练是指按预案制定的处置方案进行的实战操练，是检验、评估、提高危险化学品安全评估能力的一个重要手段或举措。

4.6.2 演练作用

在自然灾害引发危险化学品事故发生前暴露预案缺陷，发现应急资源的不足（包括人力和设备等），修订完善各级预案，提高救援队伍、评估人员之间的协作能力，提高应对自然灾害引发危险化学品事故的熟练程度和技术水平特别是危险化学品安全评估人员的应对能力，进一步明确各自的岗位与职责。

4.6.3 演练要求

演练不同于培训和训练，是更接近于灾害救援现场危险化学品安全评估的实战，是提升安全评估能力的有效措施与手段。

队伍应根据自然灾害、时段季节、救援场地以及危险化学品事故危害类型等的差异制定年度应急演练计划，并根据计划编制演练方案。

（1）定期进行演练，如每季度进行单项演练，不应以桌面演练替代实战演练，每半年至少进行一次综合性演练。

（2）演练内容根据危险化学品安全评估方向确定，至少包含危险化学品识别、危险化学品危害简单处置、危险化学品侦检、应急救援装备物资的使用、个人防护装备的穿戴、队伍内协调配合、对外协同联动、不同时间段和极端天气应对以及应对处置策略、建议的制定等内容。

（3）队伍应对综合性演练效果进行评估，撰写演练评估报告，分析存在的问题，并对相关预案提出修订意见，演练效果评估报告至少包含以下内容：①演练的执行情况；②预案的合理性与可操作性；③指挥协调和联动情况；④安全评估人员的处置情况；⑤演练所用侦检装备的适用性；⑥存在的问题和整改措施，以及对完善预案、应急准备、应急机制、应急措施等方面的意见和建议等。

4.6.4 演练方案

为确保演练工作高效开展，往往需要预先制定演练方案，方案是为某一行动所制定的具体行动实施办法细则。下面为自然灾害救援现场危险化学品安全评估演练方案的主要内容。

1. 演练目的

增强自然灾害救援现场危险化学品安全评估小组及其人员应急意识、组织能力、协调能力和处置能力，更好地修订完善预案，使之更加合理、可操作。

2. 参加演练人员

（1）总指挥：×××。

（2）副总指挥：×××。

（3）安全评估分队中危险化学品安全评估小组全体队员、救援队及分队相关负责人、相关各部门人员、演练评估专家等。

3. 演练场地设置

时间：×××。

地点：×××。

参演部门：安全评估分队危险化学品安全评估小组，救援队、分队以及相关各部门。

组织单位：×××。

4. 现场布置

（1）设置主席台、放置麦克风，并放置一个灭火器和一把水枪。

（2）在演练场地放置一容器，里面放置模拟可燃有毒气体，周围零散杂乱放置倒塌废弃建筑、树木、电线杆等，模拟地震灾害后建筑倒塌造成危险化学品容器毁损并泄漏事故现场，演练其应急处置。

（3）在通往模拟演练危险化学品事故现场的道路上，设置地震灾害造成的桥梁中断、建筑倒塌及树木倾倒等阻断交通。

（4）整个演练期间实施交通管制，禁止无关人员、车辆通行。

（5）安保组全部待命，在演练结束前负责维持现场的交通秩序。

5. 危险化学品安全评估演练步骤

（1）总指挥讲话，宣布演练开始。

（2）接报×××自然灾害救援现场发现危险化学品泄漏。

（3）危险化学品安全评估人员携带侦检仪器及其他辅助设备，清除阻碍道路的障碍物，前往处置现场。

（4）安全评估人员立即行动，询情、收集资料等，初步确定危险化学品种类、性质及泄漏程度，初步划出救援车辆、人员范围，以及安全区、隔离区、危险区等并放置警戒标志，撤离无关人员到安全区，搭建简易洗消点。

（5）如开展自然灾害救援行动，应立即中止救援行动，撤离救援人员到安全区，并对救援设备、人员进行洗消。

（6）根据了解的危险化学品种类、物理化学性质、泄漏程度等，安全评估人员选用合适的个人防护装备并穿戴好。

（7）漏电检测，确认处置现场无漏电。

（8）检测处置现场氧气含量或浓度是否正常，确保应急处置人员安全。

（9）清除危险化学品事故现场地震造成的各类破坏废墟，如倒塌建筑物、树木等，以便应急处置人员进入事故现场进行应急处置。

（10）制定侦检危险化学品方案，侦检危险化学品浓度及其分布，监测气象、水文等变化，并做好记录。

（11）确定事故现场危险等级以及安全、隔离、危险等区域，并给出处置建议与措施。

（12）在安全评估人员处置能力范围内尽快堵漏、灭火等，如超出能力，报请专业人员并协助其堵漏、灭火等。

（13）根据危险化学品物理化学性质，选取泄漏物处置方法，防止泄漏物扩散，应专门收集并进行处理，如超出处置能力范围，报请专业人员并协助处置。

（14）动态监控泄漏源浓度、气象等，时刻关注地震是否持续发生以及被毁建筑物是否存在倒塌风险，动态评估救援环境安全状况。

（15）对侦检人员、设备、场地等进行洗消以及清理现场设备。

（16）如果救援环境安全状态达到“安全”，提请领导指示方可进行后续救援行动。

6. 演练结束

（1）演练完成。在所有演练科目完成后，参演负责人报告给演练总指挥。

（2）演练评估与总结。演练评估应以演练目标为基础，需要设计合理的评估方法、标准，如运用选择项（如是/否判断，多项选择）、主观评分（如 1 差、3 合格、5 优秀）、定量测量（如响应时间、侦检时间、处置策略或措施提出时间）等方法进行。演练评估通常采用评估表形式进行，表格内容包括演练目标、评估方法、评价标准和相关记录等。演练总结是通过观察、体验和记录演练活动，比较演练实际效果与目标之间的差异，总结演练成效和不足，提出整改建议与措施。

（3）宣布演练结束。全体参演人员列队，演练指挥长根据现场应急演练评估总结演练，并宣布演练结束。

4.6.5 演练

1. 准备

在演练前期对演练进行广泛宣传和培训，使全体人员了解和掌握如何识别危险、如何采取必要的应急措施、如何报警、如何安全疏散人群等基本操作，熟悉演练程序和要求，了解所有危险的可能性及防范措施，使大家得到锻炼。

提高全体参加演练人员的安全素质、意识，确保应急行动高速有效地完成；一个演练能否成功，部分取决于参演者是否理解演练，演练前参演人员特别是危险化学品安全评估人员对危险化学品侦检设备或仪器、侦检路线以及相关救援设备等应详细了解并熟练操作。

2. 开始演练

（1）演练开始，参演全体人员各就各位，参演指挥长一声令下，演练开始。

（2）按照演练方案设计演练规程、科目，不同的参演小组、人员完成既定的参演科目内容。

危险化学品安全评估人员应立即了解事故情况，确定危险化学品性质，划出救援车辆、人员安全范围，初步确定安全区、隔离区、危险区等并放置警戒标志，撤离无关人员、车辆到安全区；检测漏电、氧气含量，侦检危险化学品浓度及其分布，监测气象，确定危险等级和安全、隔离、危险等区域，并给出处置建议与措施；动态监控泄漏源浓度、气象因素等变化，关注地震是否持续发生以及被毁损建筑物是否存在倒塌风险，动态评估救援环境安全状况；对危险化学品侦检人员、设备、场地等进行洗消清理；综合评估救援环境安全状态，演练结束。

（3）整个自然灾害救援现场危险化学品安全评估演练场面紧张有序，安全评估组、安保组等按演练前预案设置严格执行，成功地进行了自然灾害救援现场危险化学品安全评估演练。

3. 演练评估

演练评估是评估在自然灾害救援现场危险化学品安全评估演练中，各个小组、人员是否按预案执行？执行效果如何？出现了哪些差错和意外？影响此次演练的因素是什么？如何完善预案并提高应急处置能力等提出具体建议和措施等？演练评估一般包括两方面内容：一是现场领导、专家进行演练效果点评、总结，二是参演后危险化学品安全评估小组全体队员、相关部门人员等进行演练效果评估、总结。

思 考 题

1. 危险化学品评估队员遴选要求及条件是什么？
2. 危险化学品安全评估有哪些职责？
3. 如何评价危险化学品安全评估业务能力？
4. 如何提升危险化学品安全评估能力？
5. 如何编制危险化学品安全评估预案？
6. 危险化学品安全评估演练要求是什么？

5　危险化学品侦检

自然灾害救援现场危险化学品事故会危害到救援人员、附近相关人员人身安全及造成财产损失、环境污染等。危险化学品事故处置前必须进行侦检，侦检是利用侦检技术侦检易燃、易爆、有毒、有害、放射性等特性的危险化学品浓度，确定其分布范围及动态变化趋势。侦检直接关系到安全评估结果是否准确以及提出的应急处置措施与对策是否安全、得当、可行。因此，危险化学品侦检为危险化学品危害处置提供了可靠的技术支撑，是重要的安全评估工作。

5.1　危险化学品侦检技术

侦检技术是指使用现代技术措施、设备等对侦检对象某些信息进行检测、侦测、监测。基于危险化学品物理化学性质、化学反应，侦检技术分为理化性质、化学变化两类技术。

5.1.1　理化性质侦检技术

通过危险化学品物理化学性质对危险化学品进行侦检，是最为直接简单的侦检技术，主要包括光谱法、色谱法、质谱法。该类侦检技术具有原理简单、准确性高、对侦检物无污染无危害等特点，被广泛应用于危险化学品侦检设备或仪器。

1. 光谱法

光谱法是以物质的粒子吸收特定光波后的跃迁行为作为衡量依据，确定物质的分子组成与原子结构，可以分为拉曼光谱法、红外光谱法、荧光光谱法、磷光光谱法等。

（1）拉曼光谱法。拉曼光谱法主要是通过研究化学物质中的分子受到光照后的自然反射，将散射的光能与其在光谱中的振动频率、振动角度相关联形成一种特定的物质组成分析计算方法。在易爆品检测中，可以在不损害爆炸物的前提下通过拉曼光谱法快速检测出危险化学品中分子的特征峰，然后根据特征峰值确定其原子结构，并推断出分子构造。

（2）红外光谱法。红外光谱法也称为红外分光光度分析法，通过危险化学品主要原子组成在吸收光谱中的电磁辐射，计算分析其分子结构。红外光谱分为近红外光谱区、中红外光谱区、远红外光谱区等（表 5-1）。该方法不仅能够检测出危险化学品的原子种类，还能够得到各原子的数目比，进而求出其最简分子式。红外光谱法检测结果较传统检测技术准确率高，误差精度平均在4%～5%。一般便携式的红外光谱检测仪能够拥有30种以上危险化学品检测能力。

表5-1 红外光谱波长波数频率范围表

序号	红外种类	波长/μm	波数/cm^{-1}	频率/THz
1	远红外	50～1000	10～200	3.0×10^{-1}～6.0×10^{0}
2	中红外	2.5～50	200～4000	6.0×10^{0}～1.2×10^{2}
3	近红外	0.78～2.5	4000～12800	1.2×10^{2}～3.8×10^{2}
4	可见光	0.39～0.78	12800～25600	3.8×10^{2}～7.7×10^{2}

（3）荧光光谱法。荧光光谱法是通过危险化学品中蛋白质分子自带的荧光来标记其特殊部位，并通过荧光探针测定其分子构象，这种方法主要用于有机物的危险化学品应急监测。荧光光谱法使用时间较早、仪器笨重，适合实验室中使用；但最新研制出的芯片式纸质传感器，能够将大型仪器与远程监测装置连通，通过芯片传感器现场采样，然后由远方的主机自动分析危险化学品的原子及分子组成。荧光光谱法拥有较高的检测灵敏度和准确度。

（4）磷光光谱法。磷光光谱法是一种主要用于重金属检测的危险化学品分析方法。通常情况下如果将处于基态的分子激发至不稳定状态，产生光子发光，并用荧光探针检测该光，能够直接判断出被检测危险化学品是哪一种重金属。磷光光谱法具有检测寿命长、发射波长可任意调节等优点，在检测中拥有显著优势。

2. 色谱法

色谱法是一种利用物质的溶解性、吸附性等特性的物理化学分离方法，主要包括薄层色谱法、气相色谱法、高效液相色谱法、超临界流体色谱法等。

（1）薄层色谱法。薄层色谱法是一种平面色谱法，将拟分开的化合物均匀涂布在薄片上，用合适的展开剂在密闭的层析槽中展开，形成色谱带。该方法简单、操作方便，除光密度计外，不需特殊设备，分离效果好、时间较短，一块板上可同时分离很多样品。除低沸点物质外，各种有机和无机化合物都可以进行分离。该法适用于有机物分离分析，样品用量一般为几微克至几百微克，是较实用的有效微量分离分析方法。

（2）气相色谱法。气相色谱法（Gas Chromatography，GC）是英国生物化学家马丁（A. J. P. Martin）等人在研究液液分配色谱的基础上，于1952年创立的一种分离方法，可分析和分离复杂的多组分混合物。GC是用气体作为流动相的色谱法，用于测定能气化或能转化为气体的物质或化合物。气相色谱法已成为一种分析速度快、灵敏度高、应用范围广的分析方法。

（3）高效液相色谱法。高效液相色谱法（High Performance Liquid Chromatography，

HPLC）又称高压液相色谱法，是用液体作为流动相的色谱法，于20世纪60年代末70年代初发展起来的一种新型分离分析技术。它利用经典液相柱色谱法原理，引入气相色谱理论，并采用高压输液泵、高效分离柱、高灵敏度检测器与计算机控制系统等装置，具有分离效能高、分析速度快、检测灵敏度高（最低可达10 g/mL）、选择范围宽、制取纯品方便和应用广泛等特点，是现今色谱法中一种崭新的分离技术。

（4）超临界流体色谱法。超临界流体色谱法（Supercritical Fluid Chromatography，SFC）是以超临界流体作为流动相的一种色谱方法。所谓超临界流体，是指既不是气体也不是液体的一些物质，它们的物理性质介于气体和液体之间。超临界流体色谱技术是20世纪80年代发展起来的一种崭新的色谱技术。由于它具有气相和液相所没有的优点，并能分离和分析气相和液相色谱不能解决的一些对象，因此应用广泛、发展速度快。

3. 质谱法

质谱法（Mass Spectrometry，MS）即用电场和磁场将运动的离子按它们的质荷比分离后进行检测的方法。该方法使试样中各组分电离生成不同荷质比的离子，经加速电场的作用，形成离子束，进入质量分析器。速度较慢的离子通过电场后偏转大、速度快的偏转小，而在磁场中恰好相反，即速度慢的离子偏转大、速度快的偏转小；当两个场的偏转作用彼此补偿时，它们的轨道便相交于一点。与此同时，在磁场中还会发生质量分离，同质荷比且速度不同的离子聚焦在同一点上，不同质荷比的离子聚焦在不同点上，它们分别聚焦而得到质谱图，从而确定其质量。

5.1.2 化学变化侦检技术

通过化学变化侦检危险化学品主要是在危险化学品中添加一部分能够与之反应的物质，然后通过反应后的颜色变化、味道变化、发光强度变化、沉淀气体生成等确定危险化学品的组成结构，主要包括比色法、伏安法、电化学法、化学发光法等。

1. 比色法

比色法是通过向危险化学品中添加一些能够改变颜色的物质，如向硫酸中滴加酸碱指示剂等，判断其组成成分。这是一种十分实用的化学检测方式，能够不借助仪器直接通过眼睛观察出很多结构简单的化学成分，在重金属元素、气体、有机物等的检测中具有相当重要的优势。这种应急检测技术又被称为试纸法，通过将待检测的物质滴加或沾在浸润了检测试剂的试纸上，将其颜色变化与比色法相对比，判断该危险化学品的种类。但该检测方法只能检测一些结构较为简单的纯净物，不能检测混合物。

2. 伏安法

伏安法是一种电化学分析方法，是一种较为普通的测量电阻方法，根据指示电极电位与通过电解池的电流之间的关系，最后测量电解堆积到电极上的物质得到被测物质种类。在这个过程中，通过绘制电流、电压、电阻之间的关系曲线，来判断该堆积物质和剩余物质的种类与原子结构。该方法具有灵敏度高、精度高、响应速度快等优点，在化学、材料、生物等领域都有广泛应用。

3. 电化学法

电化学法能够在一定范围内检测有毒气体，具有极高的敏感性，最早用于对氧气的监测。气体之间达到一定浓度之后，就会产生一定形式的电信号，因此该方法通过记录测量被测气体与某特定气体之间的浓度比，测试其电信号的种类和电极组成，并逆向推导出危险化学品种类。

4. 化学发光法

化学发光法是通过测量化学反应发生时的光波弧度，得到该化学反应的反应物，并推断出危险化学品种类和分子结构；然后对照记录中分子发光强度和光子弧度，计算待测物质的原子组成结构。在危险化学品检测技术中，为了更方便快捷地判断出待测样本的组成，研究人员设计了一种能够直接测量发光光能强度的传感器，直接得到危险化学品种类。

5.2 危险化学品侦检目的及任务

危险化学品侦检的目的和任务是准确、及时、全面地反映救援现场危险化学品浓度、分布范围、安全状态及其发展趋势，为灾害救援现场危险化学品事故应急处置措施与对策提出提供科学依据。

（1）确定灾害救援现场危险化学品事故场地是否存在漏电、氧气含量是否正常，确保危险化学品事故处置现场安全；监测气象、水文等变化，掌握影响危险化学品事故处置的其他不安全因素。

（2）确定灾害救援现场危险化学品种类、分布范围以及污染分布情况，追踪寻找污染源，对控制污染、救治中毒人员、选择洗消剂和开展洗消等工作提供依据及方案。

（3）测定危险化学品浓度分布，根据环境质量标准评价环境质量是否安全，确定救援现场危险区范围，防止中毒、爆炸事故发生，确定防护等级，为安全救援提供措施与对策。

（4）实时监测不同污染区域边界危险化学品的浓度变化，持续为救援工作提供安全保障，为制订有关灾害救援特别是安全评估工作的法规、标准、规划等服务。

（5）根据侦检确定的危险化学品种类、分布以及污染分布情况，实时监测不同污染区域边界危险化学品的浓度变化，综合分析灾害救援现场的危险化学品安全状况和发展态势，提出下一步应对处置建议和措施。

5.3 危险化学品侦检职责

5.3.1 危险化学品侦检组职能

危险化学品侦检组职能是准确、及时、全面地反映救援现场危险化学品分布、安全状态及其发展趋势，为现场危险化学品管理、有害源控制、救援规划等提供科学依据。

（1）负责制定侦检仪器、设备购置和更新计划。

（2）负责灾害现场漏电、氧气检测以及环境调查和有毒有害物质监测与评估，制定清除有害物质方案和防护措施。

（3）侦检危险化学品浓度分布，根据环境质量标准评价环境质量是否安全，确定现场危险区范围、防护等级，为安全救援提供措施和方法。

（4）实时监测不同污染区域边界危险化学品的浓度变化，持续为救援工作提供安全保障，为制定有关灾害救援特别是安全评估工作的法规、标准、规划等服务。

（5）负责侦检仪器使用和维护保养。

5.3.2 危险化学品侦检职位要求及职责

（1）危险化学品侦检人员应具备救援环境中有关危险化学品理论与实用知识，满足管理机构对其所需的全部资格及要求，了解应急管理、灾害救援等相应部门、机构的运作与联系。

（2）熟悉灾害救援队伍职能，理解其行动和安全措施。

（3）能够熟练使用危险化学品侦检仪器，负责维修和保养与危险化学品检测相关的技术装备。

（4）完成要求区域粗洗消及技术洗消，负责检测漏电、氧气与监测大气、水、土壤中易燃、易爆、有毒、窒息等危险化学品及确定其危害等级，监控及报告当前和未来的天气状况。

（5）具备良好的与他人、相关部门或单位交流和沟通能力。

（6）与当地救援相关部门、救援队合作，保障救援场地组织运作及后勤需要，确保侦测队伍福利、安全标准得到强制执行。

（7）能够为危险化学品安全评估工作报告提供资料，具备较强的文字处理能力和独立撰写相关技术报告能力。

5.4 危险化学品侦检能力

灾害救援队主要任务是迅速搜救幸存者并给予紧急医疗救护，而灾害可能引起危险化学品事故，如核泄漏、生物和化学污染所引起的爆炸或火灾。因此，功能完善的灾害救援队伍需要具备危险化学品侦检和隔离能力并将处理情况报告给相关部门和人员。

5.4.1 危险化学品侦检组队员素质

（1）具备扎实的危险化学品安全相关知识与经验，能够识别可能产生的危害情境，具备将危险化学品对救援队员、灾民及环境造成的危害、损失、伤亡的风险降至最低的能力。

（2）具备技术专长，能为灾害救援队、当地应急管理机构、政府现场救援协调中心以及其他参与者提供可靠的安全措施、建议。

（3）能够进行漏电、氧气检测以及危险化学品侦检、环境监测，为救援队员提供基本的安全保护建议。

（4）能够进行力所能及的危险化学品事故处置，知道危险化学品侦检人员处理复杂危险化学品方面的局限性，并熟知采取的方法与措施。

（5）进行基本的洗消及清理工作，熟知危险化学品侦检仪器保养、维护基本知识。

5.4.2 危险化学品侦检技能

（1）对可能的危险化学品具有侦检能力，具备处置危险化学品事故基本能力，具有协助专业危险化学品技术人员以及交通、公安等部门应急处置的能力。

（2）队伍中的技术专家具备与地方应急管理机构、地方政府现场救援协调中心以及其他参与者的口头沟通能力。

（3）具备环境侦检和监测能力，包括漏电、氧气检测以及危险化学品侦检、气象水文等监测，以确保队员安全。

（4）具备基本的危险化学品处置与控制、消除能力。

5.4.3 危险化学品侦检能力提升

灾害救援队危险化学品安全评估人员需要进行定期培训，时刻保持先进高效的危险化学品侦检水平，培训主要内容包括以下几项。

（1）家用化学物品鉴定、隔离及粗净化知识的学习与培训。

（2）灾害救援现场使用危险化学品危险物质和紧急响应指南的搜集、学习、培训。

（3）在灾害救援现场和行动基地识别、鉴定并记录基本的风险及危险。

（4）鉴定灾害救援现场危险化学品危险物质、降低危险化学品危害及其应急处置方法的学习与培训，操作使用监控装备侦测危险化学品的危险状态。

（5）跟踪侦检结果分析技能学习与培训，提升危险化学品安全处置建议与策略的安全性、科学性、有效性等。

（6）了解和使用救援队伍人员保护装备，为救援队伍安全提供保障。

（7）粗净化及技术净化程序和系统的学习与培训。

（8）漏电、氧气检测仪器与水质、大气、土壤、气象等环境监测装备以及强制通风装备等的操作与结果的分析。

（9）危险化学品防护用品的穿戴、洗消、储存、维护等操作。

5.5 危险化学品现场侦检

危险化学品现场侦检是指在自然灾害救援现场发生危险化学品事故后利用有效的侦检技术和设备对救援现场危险化学品的浓度及分布进行监测。该项工作是危险化学品安全评估处置工作的重要环节。快速识别危险化学品的名称、性质、分布和现状，及时准确地查明事故现场安全态势是其首要任务。

5.5.1 危险化学品侦检要求

采用灵敏、简洁、快速的侦检方法，在最短的时间内，准确查明造成事故的危险化学品种类，侦检事故现场危险化学品浓度，及时反映其变化及扩散蔓延情况。

（1）根据危险化学品危害程度、物理化学性质等，正确选取并使用合适的个人防护用品。

（2）根据自然灾害及其引起的危险化学品事故现场及危害特点，合理选取检测仪器、检测点检测漏电、氧气含量。

（3）正确划分危险化学品侦检活动区。

（4）正确选取路线、侦检点，主要考虑地形地貌、是否迎风、云团路径、危险物地域、检测仪器等。

（5）根据危险化学品的物理化学性质、泄漏部位及其污染物特征等，灵活选择灵敏、简洁、快速的检测器材和方法。

5.5.2 危险化学品侦检检测

侦检检测即使用危险化学品侦检检测仪器对事故现场危险化学品浓度、气象以及漏电、氧气等进行侦检、监测与检测，表5-2为危险化学品侦检检测技术及仪器简表。

表5-2 危险化学品侦检检测技术及仪器简表

序号	侦检检测技术	侦检检测仪器	适用对象
1	燃烧式气体传感技术	可燃气体侦检仪	天然气、液化石油气、甲烷、丙炔、丁烷等
2	定电位电传感技术	有毒气体侦检仪	二氧化硫、二氧化氮、一氧化碳、氯气、甲醛等
3	火焰光度检测技术	军用毒剂侦检仪	塔崩、路易斯毒气、沙林、索曼、氯化氰等
4	化学比色侦检技术	智能型水质分析仪	溶解氧、生化需氧量、酸碱度、氨、氮、硝氮、氯化物等

表 5-2（续）

序号	侦检检测技术	侦检检测仪器	适用对象
5	电容聚合及超声波技术	电子气象仪	风向、温度、湿度、气压、风速等
6	激光技术	激光测距仪	距离
7	红外感应技术	测温仪	危险化学品温度
8	传感、感应技术	漏电检测仪	电流、电压、电场
9	传感器技术	氧气检测仪	氧气

1. 个人防护

根据危险化学品危害程度、任务要求和环境因素等，初步确定使用个人防护用品等级，表 5-3 为个人危险化学品防护服分类及适用简表。如果无法在第一时间确定危险化学品危害程度，应尽量采用高等级防护措施，即使用全封闭防护服，同时配合正压式空气呼吸器等。进入低温事故场所，应做好防冻措施避免冻伤；进入易燃易爆场所，应携带无火花工具和防爆型通信电台。

表 5-3　个人危险化学品防护服分类及适用简表

防护等级	类别	种类	防护服描述	适用危险化学品性质	适用危险化学品物理形态
高	气体致密型化学防护服	可重复使用和有限次使用	内置空气呼吸器的气体致密型化学防护服	剧毒品	气体状态
			外置空气呼吸器的气体致密型化学防护服	剧毒品	非挥发性的气雾
			带正压供气式呼吸防护装备的气体致密型化学防护服	剧毒品	液态气溶胶
	液体致密型化学防护服	可重复使用和有限次使用	危险化学品液体的化学防护服	剧毒品	非挥发性液体不间断地喷射
			危险化学品液体的局部化学防护服	有毒品/有害品	非挥发性雾状液体的喷射
	粉尘致密型化学防护服	可重复使用和有限次使用	危险化学品粉尘穿透的化学防护服	有毒品/有害品	固体粉尘

表 5-3（续）

防护等级	类别	种类	防护服描述	适用危险化学品性质	适用危险化学品物理形态
低	液体致密型化学防护服	可重复使用和有限次使用	危险化学品液体的局部化学防护服	刺激品/有害品	暴露时直接接触的低风险

2. 漏电检测

在进行自然灾害救援现场危险化学品事故处置前，首先要对处置现场进行漏电检测并做好记录（表 5-4），确保处置现场无漏电现象存在，然后进入现场进行应急处置工作。

3. 氧气检测

氧气检测是利用检测仪器对危险化学品事故处置现场氧气含量是否正常进行检测并做好记录（表 5-4），确保应急处置人员安全。

表 5-4　救援现场漏电/氧气检测记录表

________检测点检测记录表

________年________月________日

序号	检测时间	检测点			检测值	备注
		检测位置	纬度	经度		

检测人 1：________　　检测人 2：________　　记录人：________

4. 侦检人员路线及现场警戒

1）侦检人员

危险化学品侦检组职能是准确、及时、全面地反映救援现场危险化学品危害分布、安全状态及其发展趋势，为现场危险化学品危害控制、消除、灾害救援等应急处置提供科学依据，一般需要 3 名队员，2 人侦检，1 人记录与标记，其中 1 人为负责人。

2）侦检路线

侦检人员采用三角形队列（2 前 1 后）从上风方向按“Z”字形路线进行侦检，按

“上风—侧风—下风—侧风”顺序，依次侦检出4个中心位置的二级警报和一级警报的临界点并作出警戒标志（图5-1）。

3）警戒区域

危险化学品危险源附近为致死区，使用红白相间警戒带进行警戒；危险源至一级报警点区域为重危区，使用红色警戒带进行警戒；一级报警点至二级报警点区域为轻危区，使用黄色警戒带进行警戒；二级报警点以外区域为安全区，使用绿色警戒带进行警戒（图5-1）。

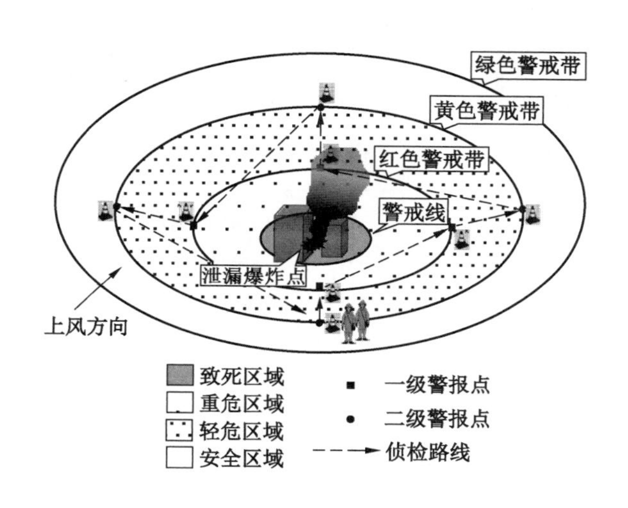

图5-1 侦检路线及警戒区域示意图

各警戒区域应设置控制出入口，除救援人员、安全评估人员等应急处置人员及处置车辆外，严禁其他人员和车辆进入。指挥部和器材车辆集合点应设在安全区域的上风或侧上风。

5. 危险化学品侦检及分类

危险化学品侦检分为定性、定量及危险性侦检三类。

1）定性侦检

定性侦检主要利用仪器检测、调查询问、标识信息、泄漏爆炸危险化学品颜色或特殊气味、人或动物中毒状态等，确定是否危险、危险程度和危险化学品类型。

（1）仪器检测：运用危险化学品定性检测仪器对可疑环境、危险源等进行检测，确定是否危险和危险化学品类型。

（2）调查询问获取信息：调查询问管理者、技术人员、工人、运货货主、驾驶员、押运员等相关人员和知情人员来获取有关危险化学品种类及其分布与可能存在现状等信息。

(3) 通过有关标识获取危险化学品相关信息：①救援现场危险化学品安全标签；②危险化学品包装标志；③危险化学品安全信息卡；④危险化学品气瓶颜色标志。

(4) 颜色气味判定危险化学品种类：根据危险化学品泄漏后的颜色或特殊气味判定危险化学品种类，表 5-5 为常用危险化学品颜色及气味特征表。

(5) 中毒症状判定危险化学品种类：危险化学品具有毒性，人或动物接触后致其中毒；不同危险化学品毒性不同，人或动物中毒状态、症状不同。

表 5-5　常用危险化学品颜色及气味特征表

序号	危险化学品名称	特征颜色及气味
1	F_2	淡黄色气体，刺激性气味
2	Cl_2	黄绿色，具有异臭的强烈刺激性气味
3	光气	无色气体或烟性液体，有烂干草或烂苹果气味，浓度较高时气味辛辣
4	NH_3	无色有强烈臭味的刺激性气体
5	SO_2	具有强烈辛辣、特殊臭味的刺激性气体
6	H_2S	无色具有臭鸡蛋的臭味
7	HCN	无色气体或液体，具有苦杏仁气味
8	硫酸二甲酯	无色、无臭或略带葱味的油状气体

2）定量侦检

(1) 实施方法：以小组为单位实施侦检，一般 3 人为一小组，采用后三角侦检方式，侦检人员相距不大于 50 m，不同区域放置明显标志物，持续侦检。

(2) 侦检：侦检小组按照侦检前确定的路线和位置接近污染区域，边行进、边侦检、边标志危险区边界。分三种方式侦检：从泄漏爆炸源的上风方向朝侧下风方向行进；从污染区域的侧风方向平行斜穿行进；分若干组，明确各自的侦检任务分区，同时在分区内环绕行进。

(3) 辅助信息监测：在进行危险化学品侦检时，需要同时进行气象、距离等信息监测，并做好记录（表 5-6）。

表 5-6 救援现场危险化学品侦检记录表

________________检测点侦检记录表

________年________月________日

侦检时间	侦检点		侦检值	气象						距离	温度
	纬度	经度		风向	温度	湿度	气压	风速	降雨		
备注：气象栏“温度”为侦检点温度，温度栏“温度”为远距离检测危险化学品危险源处温度，距离栏“距离”为检测处到危险化学品危险源处距离。											

侦检人 1：________________　　侦检人 2：________________　　记录人：________________

（4）动态监测：及时跟踪监测危险化学品危险源变化状态及其处置情况，以及现场安全状况的变化；加强对现场水质、大气、土壤、气象等信息的监测，防止泄漏、爆炸、辐射等造成危险化学品进入大气、附近水源、下水道、土壤等。

3）危险性侦检

在危险化学品定性和定量侦检困难的情况下，由于灾害救援及危险化学品应急处置时间紧、任务重，可以先不进行定性、定量侦检，而采取危险性侦检，提高救援、应急处置效率。危险性侦检包括爆炸性、毒害性、腐蚀性、放射性等，其侦检方法见表5-7。

表 5-7 救援现场危险化学品危险性侦检方法表

序号	危险性	侦检仪器
1	爆炸性	催化燃烧式可燃气体检测仪
2	毒害性	军用毒剂检测仪
3	腐蚀性	pH 试纸
4	放射性	核辐射检测仪

4）危险化学品现场侦检采样

（1）一般以危险化学品事故发生地点及其附近为主，根据现场的具体情况和危险化学品泄漏、爆炸以及污染空气、水体、土壤等特性，布点采样和确定采样频次；如果污染浓度大、范围广，适当增加采样点和频率，采样布点均匀且特殊个性化点要布采样点。

（2）事故发生地点要设立明显标志，如有必要进行现场录像和拍照。

（3）现场采样采用平行双样，一份供现场快速测定，另一份供送回实验室测定，如有需要，同时采集污染地点的底质样品。

5）中止侦检

如在漏电、氧气检测以及侦检危险化学品、监测气象水质等过程中，出现危及侦检人员人身安全的事件，应立即中止侦检，相关人员及时撤离到安全区域并进行洗消处理，如自然灾害发生、危险化学品即将爆炸等。

6）洗消清理

危险化学品侦检及气象、水文等监测结束后，安全评估人员、仪器、车辆等撤离到警戒安全区，应及时进行洗消处理，并清理归整仪器，以便撤离危险化学品事故现场。

6. 侦检标准

危险化学品侦检主要通过侦检仪器进行，但被侦检场所是否安全或危险，依据相关标准确定，如《工作场所有害因素职业接触限值　第1部分：化学有害因素》（GBZ 2.1—2019）、《危险化学品重大危险源辨识》（GB 18218—2018）、《危险化学品生产装置和储存设施风险基准》（GB 36894—2018）、《职业性接触毒物危害程度分级》（GBZ/T 230—2010）、《工业企业设计卫生标准》（GBZ 1—2010）、《工作场所有毒气体检测报警装置设置规范》（GBZ/T 223—2009）等国家标准（表5-8）。这些标准是确定危险化学品事故现场是否安全或辨识重大危险源的标准，它们适用于生产、储存、运输、经营和使用危险化学品等环节、灾害救援现场危险化学品侦检及安全评估，不适用核设施、加工放射性物质的工厂等。《核辐射环境质量评价一般规定》（GB 11215—1989）是进行核辐射环境质量评价的企事业单位遵从的一般原则和遵循的技术规定，是灾害救援现场有关核辐射的侦检标准。

表5-8　部分危险化学品危害接触限值表

序号	中文名	英文名	接触限值（OELs）/（$mg \cdot m^{-3}$）			临界不良健康效应
			MAC	PC-TWA	PC-STEL	
1	氨	Ammonia		0.3		甲状腺效应，恶心
2	苯	Benzene		6	10	头晕、头痛、意识障碍；全血细胞减少；再障；白血病

表 5-8（续）

序号	中文名	英文名	接触限值（OELs）/（mg·m^{-3}）			临界不良健康效应
			MAC	PC-TWA	PC-STEL	
3	苯胺	Aniline		3		高铁血红蛋白血症
4	二氧化硫	Sulfur dioxide		5	10	呼吸道刺激
5	二氧化氯	Chlorine dioxide		0.3	0.8	呼吸道刺激；慢性支气管炎
6	二氧化碳	Carbon dioxide		9000	18000	呼吸中枢、中枢神经系统作用；窒息
7	氟化氢	Hydrogen fluoride，as F	2			呼吸道、皮肤和眼刺激；肺水肿；皮肤灼伤；牙齿酸蚀症
8	碳酰氯（光气）	Carbonyl chloride（Phosgene）	0.5			眼和上呼吸道刺激；肺损害
9	液化石油气	Liquified petroleum gas（L. P. G.）		1000	1500	麻醉；自主神经功能紊乱；冻伤
10	一氧化碳	Carbon monoxide		20	30	碳氧血红蛋白血症
11	磷酸	Phosphoric acid		1	3	上呼吸道、眼和皮肤刺激
12	硫化氢	Hydrogen sulfide	10			神经毒性；强烈黏膜刺激

注：MAC—最高容许浓度；PC-TWA—时间加权平均容许浓度；PC-STEL—短时间接触容许浓度。

5.6 危险化学品侦检注意事项

5.6.1 危险化学品侦检考虑事项

（1）展开灾害搜救行动时，若发现自然灾害引起危险化学品事故，应立即中止搜救行动、向上级或指挥部报告，将救援人员撤离到安全区域并进行洗消处理。

（2）灾害救援现场、行动基地及危险化学品事故场地均要进行侦测与监控。

（3）侦测与监控应由救援队中危险化学品技术人员执行，且须：①确定每个目标救援现场、危险化学品事故场地等的安全范围、安全出入口；②制定计划以监控行动中遇到的未知危险区域或潜在区域及危险因素；③设立洗消点，包括洗消污染物放置处；④确保救援任务及应急处置中所使用工具和包括防护服在内的装备的洗消；⑤确保救援任务及应急处置中所使用的交通工具的洗消。

（4）侦测与监控设计的警戒区域应分级设置，各警戒区域设置出入口，除救援人员、安全评估人员外，严禁其他人员和车辆进入。

5.6.2 危险化学品侦检注意问题

在展开搜救行动、危险化学品事故应急处置时，安全评估小组应对其环境中的下列事项进行监控：

（1）氧气量监测。

（2）物质或周围空气的可燃性监测。

（3）毒性监测。

（4）爆炸监测。

（5）腐蚀性监测。

（6）放射性监测。

（7）水、电、气等监控。

（8）环境危险监测。

（9）气候异常监控。

（10）关注自然灾害是否持续发生以及其他危险或不安全因素。

（11）其他事宜。

思 考 题

1. 危险化学品有哪些侦检技术以及如何分类？
2. 危险化学品侦检目的和任务是什么？
3. 危险化学品侦检职责是什么？
4. 如何体现危险化学品侦检能力？
5. 危险化学品侦检要求有哪些？如何进行侦检？
6. 搜救行动中侦检应考虑与注意哪些事项？

6 危险化学品安全评估

自然灾害经常引起危险化学品事故，自然灾害叠加下的危险化学品事故具有危害大、覆盖面广及蔓延速度快等特点，严重阻碍了灾害救援行动安全开展。因此，在救援人员进行现场救援时，首先应该清楚救援现场存在哪些危险因素、安全程度如何，然后再确定是否救援、如何救援。这便是灾害救援现场的安全评估问题。安全评估首要是评估方法的选取，正确、合理的评估方法可以快速、有效、准确地评估被评估对象的安全状态，是自然灾害救援现场危险化学品安全评估的基本要求。

6.1 安全评估概念

安全评估是应用系统工程原理和方法，对被评估对象可能存在的危险、有害因素进行识别与分析，判断其发生的可能性及严重程度，提出安全对策、建议。安全评估有时称为安全评价、风险评估、风险评价、危险评估、危险评价等。

一般情况下，安全评估与风险评估可以混用，但存在区别。

安全是指没有受到威胁，没有危险、危害、损失等，是人类生产过程中，将对人类的生命、财产和环境可能产生的损害控制在人类不感觉难受的状态。风险是指某种特定的危险事件发生的可能性与其产生的后果的组合，一是该危险发生的可能性，即危险概率；二是该危险事件发生后所产生的后果。因此：①安全是确定性结果，风险是概率性结果；②安全是建立在对风险认识基础上的概念，相对安全，风险是一个更广泛的概念；③风险具有客观性，安全具有主观性；④不安全必然有风险，但是有风险未必不安全。

安全评估是在风险识别和风险估测的基础上，对风险发生的概率、损失程度进行估算，给出安全与否评估。风险评估在风险识别和风险估测的基础上，对风险发生的概率、损失程度，结合其他因素进行全面考虑，评估发生风险的可能性及危害程度。两者既需要理论支撑，又需要理论与实际经验的结合，缺一不可，特别是安全评估更需要理论与实际经验的结合。评估报告的主要内容应包括：评估对象的基本情况、评估范围和评估重点、评估结果与措施、意见和建议。所以，危险化学品安全评估与风险评估既有区别又有联系。

6.2　安全评估理论及依据

6.2.1　安全评估理论

安全评估理论是基于系统工程的原理，即根据总体协调的需要，把自然科学和社会科学中的基础思想、理论、策略和方法等联系起来，对自然灾害救援现场危险化学品事故构成要素、影响因素、应急处置等进行综合分析研究，给出救援现场危险化学品安全状态及处置对策与措施。

系统工程是20世纪40年代发展起来的一门新兴交叉学科，是以系统为研究对象的工程技术，它涉及“系统”与“工程”两个方面。系统是由相互作用和相互依赖的若干组成部分结合而成的具有特定功能的有机整体，具有以下特征。

（1）整体性：指由2个以上元素组成的有机整体。

（2）相关性：即各元素之间相互作用、相互依赖的关系。

（3）目的性：指系统要有明确的目标与特定功能。

（4）适应性：指系统对环境变化的适应程度。

（5）等级结构性：指系统本身又可以分为许多等级层次的子系统。

6.2.2　安全评估依据

安全评估涉及的行业较多，如危险化学品行业、航空业、煤炭开采业以及各种灾害救援等。安全评估必须依法、依规开展，严格执行国家有关法律、法规和标准或者行业标准。下面介绍危险化学品安全评估、灾害救援现场安全评估等主要国家法律、法规和标准或者行业标准。

1. 法律法规

为了规范与危险化学品安全有关的活动，国家颁布了一系列法律、法规，如《中华人民共和国突发事件应对法》《中华人民共和国安全生产法》《中华人民共和国防震减灾法》《中华人民共和国消防法》《危险化学品重大危险源监督管理暂行规定》。

2. 规范标准

规范、标准等规定了从事危险化学品安全评估、灾害救援现场安全评估等活动的技术要求，如《工作场所有害因素职业接触限值 第1部分：化学有害因素》（GBZ 2.1—2019）、《危险化学品重大危险源辨识》（GB 18218—2018）、《关于进一步加强危险化学品建设项目安全设计管理的通知》（安监总管三〔2013〕76号）、《危险化学品建设项目安全评价细则（试行）》（安监总危化〔2007〕255号）。

3. 其他依据

其他依据主要是上述两类依据以外的行业依据或补充依据。

6.3 安全评估目的及内容

6.3.1 安全评估目的

安全评估目的是快速识别自然灾害救援现场危险化学品类型、控制危险源并消除危险性，实现救援现场快速恢复安全状态。安全评估要达到的目的包括以下4个方面。

1. 从各个环节进行控制与评估

通过安全评估找出救援现场危险化学品不安全因素，评估救援现场安全状态。在救援前进行危险化学品安全评估，可以避免盲目的、不必要的救援人员伤亡，为自然灾害救援行动安全开展提供保障。救援过程中进行监控与评估，可以及时跟踪救援现场危险化学品安全发展态势，及时调整安全措施，为救援工作保驾护航。救援后进行安全评价，目的在于了解救援后各设备、环境现实危险性，为进一步采取降低危险性的措施提供依据以及为灾后重建提供技术支撑。

2. 提出应急处置对策与措施

评估过程中对危险化学品危险进行分析、预测及侦控，分析救援现场存在的危险源、分布范围、数量、危险程度，提出应急处置对策与措施等。救援决策者可根据评估结果从中选择方案并作出处置决策。

3. 实现安全技术安全管理标准化和科学化

通过对危险化学品储存、生产、运输、经营、使用等环节的设备、设施在自然灾害发生过程中体现的安全性能以及是否符合有关技术标准、规范的规定等进行评估，对照技术标准、规范找出存在的问题和不足，有利于提高标准化、科学化管理能力，以及应对未来发生自然灾害的能力。

4. 促进危险化学品实现安全化

首先通过安全评估对危险化学品事故进行科学分析，针对事故发生的各种原因和条件，提出消除危险的最佳技术措施方案；其次针对危险化学品储存、生产、运输、经营、使用等环节的设备、设施以及厂房建筑结构等方面从设计上采取相应措施，即使发生误操作或设备故障以及一定范围内不可控的自然灾害时，也不会导致危险化学品事故发生，实现危险化学品各环节的安全化。

6.3.2 安全评估内容

安全评估是以实现自然灾害救援现场危险化学品安全为目的，应用系统工程原理和方法，对救援现场危险化学品事故中存在的危险因素、有害因素进行辨识与分析，判断发生危险化学品事故或危害的可能性及其严重程度，从而为制定防范措施和处置决策提供科学依据。危险源辨识、安全评估、处置措施构成了自然灾害救援现场危险化学品安全评估基本内容。

危险源辨识是安全评估、处置措施的基础。

安全评估通过对自然灾害救援现场危险化学品存在的危险性识别及危险度评估，客观地描述危险程度，指导应急处置人员采取相应处置措施，降低或消除救援现场危险化学品的危险性。

处置措施是根据安全评估结果提出的控制、消除危险化学品危害的措施或策略，并评估采取处置措施后仍然存在的危险性是否可以被接受。

在实际的安全评估过程中，这几个方面是不能截然分开、孤立进行的，而是相互交叉、相互重叠于整个安全评估工作中。

6.4 危险化学品安全评估方法

危险化学品安全评估主要涉及两类情况，即生产、储运、经营、使用等单位或企业和危险化学品事故发生后的安全评估。企业危险化学品安全评估是指生产、储运、经营、使用危险化学品的企业，对生产、储运、经营、使用的危险化学品及其设备、工艺过程中的危害因素进行识别，采取措施消除危害，达到安全要求。危险化学品事故发生后（如自然灾害救援现场），危险化学品安全评估是在救援过程中，评估危险化学品对救援行动的影响，提出应对措施与建议。因此，两类情况下安全评估既有联系又有区别。

6.4.1 联系与区别

1. 联系

（1）理论相同。企业危险化学品安全评估与灾害救援现场危险化学品安全评估理论相同，均是基于系统工程的原理，识别危险因素、危险源，分析安全状态，给出合理的技术处理措施，消除危险因素及危险源。

（2）依据相同。虽然两种情况下安全评估存在区别，但其依据都为法律法规和国家、行业的规范标准以及其他依据。它们是开展危险化学品安全评估工作的指南与准绳，是判断评价对象是否安全的基本依据。

（3）基本内容相同。两者安全评估基本内容相同，即对评估对象中存在的危险因素、有害因素进行辨识与分析，判断发生事故或危害的可能性及其严重程度，制定防范措施与决策。

（4）基本目的相同。安全评估的基本目的都是消除存在的危险因素，为安全生产、救援行动以及危险化学品事故应急处置顺利开展提供安全可靠的技术保障。

2. 区别

（1）评估状态不同。企业危险化学品安全评估是企业处于安全状态下的正常“体检”，自然灾害救援现场危险化学品安全评估是危险化学品事故已发生的评估。

（2）评估目的不同。企业危险化学品安全评估是企业为发现或防止危险化学品事故发生而进行的安全评估；自然灾害救援现场危险化学品安全评估是救援处置过程中的安全评估，其目的是为应急处置、救援行动服务。

（3）评估要求不同。为了发现或防止危险化学品事故，企业安全评估必须认真、仔细地对危险化学品相关设备和流程进行评估，准备时间长、资料多、环节多，安全评估时间较长。而自然灾害救援现场危险化学品安全评估要求快速给出评估结果，一般是抓住主要安全因素进行评估。

（4）评估方法不同。企业危险化学品安全评估主要采取定量的安全评估方法，需要准备很多资料，熟悉评估对象技术及结构，建立模型。自然灾害救援现场危险化学品安全评估主要采用定性方法，使用填写表格方式进行，可以快速给出评估结果。

（5）评估实施主体不同。企业危险化学品安全评估实施主要是企业本身或聘请专业安全评估公司进行。自然灾害救援现场危险化学品安全评估是救援队中的安全评估人员，为了保障救援行动顺利开展而进行的安全评估。

6.4.2 企业危险化学品安全评估方法

目前，企业危险化学品安全评估方法已达几十种，用于危险化学品企业日常安全状态的评估。安全评估需要准备很多资料，熟悉评估对象技术及结构，建立模型，需要较长时间才能完成评估，且专业性强，无法满足自然灾害救援现场危险化学品快速安全评估的要求。企业危险化学品安全评估方法一般分为定性、半定量和定量三大类。

1. 定性分析法

定性分析方法主要是依托专家的经验进行相对主观的判定，然后预判某种风险是否会发生。

（1）作业危险性分析法。作业危险性分析的主要目的是防止从事某项活动的人员、使用的设备和其他系统受到影响或损害。该方法包括作业活动划分和选定、危险因素识别、风险评估、风险等级判定、控制措施制定等内容。

（2）安全检查表法。安全检查表法是一种常见的方法，借助专家的工作经验找到可能导致事故发生的重大危险源，将风险因子整理在表格中，接着对风险因子进行现场调研和验证，通过汇总的结果判定事故的风险性。该方法具有易操作、全面性等优点，但前提是需要有一定经验的专家对评估对象进行客观调查，无法定量评估。

（3）事故因果分析法。事故因果分析法是假设事故已经发生，从主次及分支层面去探索潜在原因。事故因果分析法的优势主要体现在易操作、工作量小、逻辑清晰、结果易理解。其缺点是不适用于导致事故发生的危险因子多且复杂的事故，否则容易造成较大的偏差。

（4）危险与可操作性分析法。危险与可操作性分析法是一种借助头脑风暴法来考虑造成事故的所有潜在实现路径来进行事故预测的定性方法。该方法缺点是要求专家水平较高、投入成本较大、耗费时间较长。

2. 半定量评估法

该方法是从宏观角度综合分析企业危险化学品事故的发生概率及其后果严重程度，借助数值模拟对风险情况进行赋值，进而评估危险化学品事故的风险状况。

（1）风险矩阵法（Risk Mattix，RM）。风险矩阵分析法的表达式为 R=L×S，其中 R 是风险值，用事故发生的可能性及事故后果的严重性来表示，L 是事故发生的可能性，S 是事故后果严重性。R 值越大，说明该系统危险性大、风险大。

（2）道化学指数评价法（Dow Chemical Fire and Explosion Index，F&EI）。1964 年，美国道化学公司首创了火灾、爆炸危险指数评价法，后经过不断修改，目前已发展出多个版本。该方法主要通过计算火灾、爆炸危险指数，划分危险等级，把被评估对象危险度转化为最大财产损失，并采取安全对策措施加以补偿的安全评价。

（3）蒙德法（Mond Process）。蒙德火灾、爆炸、毒性指标法是在美国道尔化学公司的火灾、爆炸指数法基础上，由英国帝国化学公司开发的安全评估方法，主要在毒性危险性方面加强了分析和评估，使其安全评估考虑的问题更为全面。

3. 定量评估法

定量评估法依托大数据，构建科学可用的数学模型，通过计算危险化学品事故风险发生概率来判定系统安全性，主要用于有足够数据量的事故预测。

（1）故障树分析法（Fault Tree Analysis，FTA）。故障树是由上往下的演绎式失效分析法，利用布林逻辑组合低阶事件，分析系统中不希望出现的状态即危险状态或不安全状态。

（2）事件树分析法（Event Tree Analysis，ETA）。事件树分析法通过建立顶层事件，并模拟事故演化过程，把每一步分为成功和失败两种路径来探索，最终得到分析结果，并得到各步骤的发生概率，预测顶层事件的发生可能性。

（3）层次分析法（Analytic Hierarchy Process，AHP）。层次分析法主要依托专家打分的方式，将复杂的危险因子数据化，最终将复杂问题数字化，量化事故发生的概率。

（4）模糊综合评价法（Fuzzy Comprehensive Evaluation，FCE）。模糊综合评价法是利用模糊数学最大可能弥合主观偏差，使得结果更加科学，是一种适用领域较广的定量安全评估方法。

（5）集对分析法（Set Pair Analytic，SPA）。集对分析法是一种科学的系统分析方法，其原理是系统研究对象的确定性和不确定性，并通过同一度、差异度和对立度三个方面建立事物之间的联系与转化。

6.4.3 救援现场危险化学品安全评估方法

目前企业危险化学品安全评估方法无法直接适用于自然灾害救援现场危险化学品安全快速评估，下面择其能较快给出评估结果的方法进行改进，以期满足自然灾害救援现场危险化学品快速、准确安全评估的需求。

6.4.3.1 救援现场危险化学品安全分析法

救援现场危险化学品安全分析法是基于作业危害分析（又称作业安全分析、作业危害分解）的一种改进方法，是定性安全分析方法。该方法包括安全分析划分和选定、危险因素识别、安全分析及对策、信息交流等内容。

1. 安全分析划分

选择危险化学品安全分析之后，将其划分为若干步骤。每一个步骤是其一部分操作。

步骤划分不能太笼统，否则安全分析时将会遗漏一些与之相关步骤的危害；步骤划分也不宜太细，以避免出现太多的步骤。如果危险化学品安全分析划分步骤太多，可先将该安全分析分为两个部分，分别进行分析。重要的是保持各个步骤顺序正确，顺序改变后的步骤在安全分析时有些潜在的危害可能不会发现，还可能增加一些实际并不存在的危害。

划分危险化学品安全分析步骤之前，划分人员应具有危险化学品安全分析工作经验并熟悉整个流程。划分人员通常是危险化学品安全分析小组组长或负责人以及该方面的专家，关键是要熟悉危险化学品安全分析以及相关法律法规和规章制度。

2. 危险化学品安全分析选定

确保对关键性危险化学品安全因素实施分析，应优先考虑如下因素对危险化学品安全展开分析：

（1）安全分析程序是否合理周全。

（2）是否存在新安全分析与处置人员，以及处置完成情况。

（3）个人防护是否到位。

（4）漏电、氧气是否检测及到位。

（5）侦检路线设计是否合理合规且规范侦检。

（6）危险化学品处置措施是否及时、科学、专业。

（7）是否及时关注自然灾害持续发生及发展趋势。

（8）安全分析考虑因素是否周全合理。

3. 辨识危害

在辨识危害前，需要熟悉、观察和分析危险化学品安全分析过程、从事内容等；在辨识危害阶段，不必试图去解决发现的问题，辨识危害应该思考的问题是：可能发生的危害是什么？其后果如何？事故是怎样发生的？影响因素有哪些？发生的可能性有多大？以下是危害辨识部分内容：

（1）安全分析程序是否合理得当。

（2）警戒控制区划分是否合理可靠，人员撤离是否及时全部。

（3）初始应对是否及时、周全。

（4）初步确认危险情况是否准确及时，人员是否安全转移到安全区。

（5）个人防护是否到位。

（6）漏电、氧气检测是否到位，危险化学品现场侦检路线设计是否合理、侦检是否规范或有无遗漏。

（7）危险化学品处置措施是否科学专业，处置是否及时有效，是否存在危险扩散。

（8）气象因素是否有利于危险化学品事故处置，是否及时关注自然灾害影响及发展趋势。

（9）危险化学品事故周围是否存在安全隐患，如火源、气源、水源等。

（10）伤害人员是否得到及时救治。

（11）危险化学品事故周围建筑及地形地貌是否影响处置。

（12）洗消设计是否规范合理，洗消结果是否符合要求。

（13）安全分析与对策提出是否及时、详尽和周全，可操作性如何。

4. 安全分析

（1）在危险辨识后，将可能影响自然灾害救援现场危险化学品事故处置的危害因素全部列于“救援现场危险化学品安全分析法表”（表 6-1）中，即该表是自然灾害救援现场危险化学品安全分析法通用表。在“危害分析”栏中，如危害因素项存在，在其前的“□”中用“√”标示；如危害因素项不存在，在其前的“□”中用“×”标示。

（2）将危险因素项分为“较不安全”“不安全”“严重不安全”3 个级别（表 6-1），该安全等级反映了危险因素项的危险程度，与应急处置过程中应急处置先后顺序有关（即“严重不安全”危险因素优先于“较不安全”“不安全”危险因素被处置），与危险化学品安全分析结果关系不大。

（3）在安全分析时，自然灾害救援现场危险化学品安全分析状态分为“安全”“不安全”。例如，存在危险因素项安全等级为“严重不安全”，自然灾害救援现场危险化学品安全分析状态为“不安全”，给出处置对策与措施；不存在危险因素项安全等级为“严重不安全”，自然灾害救援现场危险化学品安全分析状态为“安全”。救援现场危险化学品安全分析法中如安全分析为“不安全”状态，制定相应对策与措施并进行处置（表 6-1），在消除危险因素并达到“安全”状态后，方可进行后续处置，如救援行动的开展等。

表 6-1 救援现场危险化学品安全分析法表

救援单位： 安全分析员： 直接负责人： 日期：

序号	步骤	危害分析	后果	安全等级	对策与措施
1	培训	□安全分析人员未培训或培训不合格	泄漏、着火、爆炸、伤害	较不安全	使用培训合格安全分析人员
2	初始应对	□到达现场不及时	伤害	不安全	及时到达现场
		□携带应急处置设施不全	伤害	不安全	及时补充需要的应急处置设施
		□危险化学品种类未有效确认	伤害	不安全	及时收集信息并确认
		□危险情况、方式确认不正确	伤害	不安全	及时收集信息并确认
		□初始安全距离确定不合理	伤害	不安全	按相关要求确定初始安全距离
		□初始隔离区、警戒区划定不合理	伤害	不安全	按相关要求划定初始隔离区
		□未立即中止救援行动	伤害	不安全	立即中止救援行动
		□无关人员未及时撤离到安全区域并洗消	伤害	严重不安全	撤离人员到安全区并洗消
		□简易洗消点搭建不合理	伤害	较不安全	按相关要求选取搭建洗消点
		□气象因素不利于危险化学品危害初始应对	伤害	不安全	消除扩散因素
		□自然灾害持续发生且影响处置工作	泄漏、着火、爆炸、伤害	严重不安全	避让自然灾害发生
		□其他危害因素存在	泄漏、着火、爆炸、伤害	不安全	消除危害因素

表 6-1（续）

序号	步骤	危害分析	后果	安全等级	对策与措施
3	现场处置	□个人防护不到位	伤害	不安全	务必做好防护才能进行现场工作
		□漏电存在且未检测或不到位	伤害	严重不安全	按规定检测
		□氧气异常存在且未检测或不到位	伤害	严重不安全	按规定检测
		□未清理处置现场障碍物或杂物	泄漏、着火、爆炸、伤害	不安全	清理障碍物或杂物
		□侦检路线设计不合理、侦检不规范或遗漏	泄漏、着火、爆炸、伤害	不安全	按规定侦检
		□危险化学品周围存在安全隐患，如火源、气源、水源等	着火、爆炸、伤害	严重不安全	清除事故现场周围安全隐患
		□危险化学品设备设施破坏及泄漏	泄漏、着火、爆炸、伤害	严重不安全	修复、堵漏
		□危险化学品设备设施破坏及扩散	泄漏、着火、爆炸、伤害	严重不安全	修复、消除扩散因素
		□危险化学品爆炸	泄漏、着火、爆炸、伤害	严重不安全	疏散、堵漏以及消除有关爆炸因素
		□危险化学品存在储存设施变形、倾倒、漂移、附件变动、浸泡等	泄漏、着火、爆炸、伤害	严重不安全	尽快处置完成
		□危险化学品危害处置未完成仍持续危害	泄漏、着火、爆炸、伤害	严重不安全	及时进行处置
		□危险化学品处置措施不及时科学专业	泄漏、着火、爆炸、伤害	严重不安全	按危险化学品物理化学性质选取正确方式及时有效处置
		□气象因素不利于危险化学品危害处置且易扩散	伤害	不安全	消除扩散因素

表 6-1（续）

序号	步骤	危害分析	后果	安全等级	对策与措施
3	现场处置	□危险化学品事故周围建筑以及地形地貌影响处置	伤害	不安全	消除不利因素
		□重危区、轻危区和安全区未重新确定	伤害	不安全	重新确定
		□未对应急处置工作提出建议，处置措施不合理	泄漏、着火、爆炸、伤害	不安全	及时提出有效的处置措施与建议
		□伤害人员未及时抢救与救治	伤害	不安全	及时抢救与救治
		□未及时跟踪监测危险化学品危险源变化状态及其处置情况	泄漏、着火、爆炸、伤害	不安全	及时跟踪监测危险化学品危险源变化状态及其处置情况
		□自然灾害持续发生并影响处置工作	泄漏、着火、爆炸、伤害	严重不安全	避让自然灾害发生
		□未按要求洗消	伤害	严重不安全	按要求洗消
4	安全分析与对策	□未及时进行安全动态分析并提出指导意见	泄漏、着火、爆炸、伤害	不安全	及时进行安全动态分析并提出指导意见
安全分析结果		安全/不安全	对策与措施：		

注：在“危害分析”栏中，如危害项存在，在其前的“□”中用“√”标示；如危害项不存在，在其前的“□”中用“×”标示。

5. 对策与措施

在危害分析以后，需要制定控制或消除危害的对策与措施（表 6-1）。对策与措施描述应具体，说明应采取何种做法以及怎样做，避免过于原则的描述，如“小心”“仔细操作”等。

（1）做好防护：做好防护是防止危险化学品伤害的有效办法或措施，如穿戴有效的防护服；若出现专业防护用品暂时短缺或破损，以及其他人员没有专业防护用品，应采取临时防护措施。

（2）控制危害：如危险化学品泄漏，首先是及时有效堵漏，防止危险化学品进一步泄漏，扩大危害范围；转移污染区人员到安全区，减少危险化学品危害。

（3）消除危害：根据危险化学品物理化学性质及侦检结果，及时采取有效措施控制、消除危害，如灭火、倒罐等措施。

（4）修正程序：如果危险化学品安全分析出现程序不合理导致危害，应完善安全评估及应急处置操作步骤与规程、修改操作步骤顺序并增加一些处置措施。

6. 信息交流

救援现场危险化学品安全分析法是危险化学品安全分析以及处置方法，应当将安全分析结果及处置措施、建议传递给所有从事应急处置工作的人员，及时有效发挥该方法的应有作用，同时反馈该方法存在的不足。

6.4.3.2 救援现场危险化学品安全检查表法

安全检查表法是一种常见的方法，借助专家的工作经验、侦检结果等找到导致危险化学品不安全的危险源，将危险源整理在表格中，通过汇总的结果判定危险化学品安全性。该方法具有全面性、操作简单等优点。

1. 安全检查表

为了系统识别自然灾害救援现场危险化学品不安全因素，应事先将要检查的内容以提问方式编制成表（表6-2）。安全检查表主要有以下优点。

（1）在自然灾害救援现场危险化学品安全检查表中，系统、完整地检查不安全因素，做到不遗漏任何可能导致不安全的关键因素，保证安全评估质量。

（2）根据已有的规章制度、标准、规程、规范等，检查处置执行情况，得出准确的安全评估结果。

（3）安全检查表采用提问的方式，有问有答，使应急处置人员特别是安全评估人员知道如何做才是正确的。

（4）编制安全检查表的过程本身就是一次自然灾害救援现场危险化学品安全评估过程，可使安全检查人员对自然灾害救援现场危险化学品安全检查认识更深刻，便于发现不安全因素以及准确评估安全状态。

2. 安全检查表编制依据

（1）有关标准、规程、规范及规定。为了保证自然灾害救援现场危险化学品安全检查以及应急处置顺利进行，国家及有关部门发布了一系列安全标准、规程、规范、规定及文件，这是编制安全检查表的主要依据。

（2）国内外自然灾害救援现场危险化学品安全评估案例。前事不忘，后事之师，以往的事故和安全评估及应急处置中出现的问题都曾付出了沉重的代价，有关教训必须记取。因此，要搜集国内外自然灾害救援现场危险化学品安全评估及应急处置案例，从中发掘出不安全因素，作为安全检查的内容。

(3) 安全评估确定的不安全因素及防范措施，也是制定安全检查表的依据。

3. 安全检查表编制

安全检查表（Safety Cheek List，SCL）是简便而行之有效的安全评估方法。安全检查表运用事先列出的问答提纲，对自然灾害救援现场危险化学品安全评估各步骤、各方面进行安全设计、安全检查、安全评估。

安全检查表是一份进行安全检查和诊断的清单。由对自然灾害救援现场危险化学品安全评估、处置设备和处置情况熟悉的、有经验的专业人员，事先对自然灾害救援现场危险化学品安全评估及处置进行详细分析、充分讨论，列出检查项目和检查要点并编制成表。为防止遗漏，在制定安全检查表时，通常要把自然灾害救援现场危险化学品安全评估及处置分割为若干子系统，按子系统的特征逐个编制安全检查表。在安全设计或安全检查时，按照安全检查表确定的项目和要求，逐项落实安全措施，保证自然灾害救援现场危险化学品安全评估及应急处置安全顺利进行（表6-2）。

表6-2 救援现场危险化学品安全检查表

救援队：　　安全检查员：　　直接负责人：　　检查时间：

目的	对自然灾害救援现场危险化学品存在的危害隐患、危害因素、缺陷等不安全因素进行查证，查找不安全行为，确定隐患或有害、危险因素或缺陷等不安全因素存在状态，制定整改对策与措施，消除或控制不安全因素，确保救援现场危险化学品安全有效及时处置以及救援行动安全					
要求	按照国家有关法律法规规章制度的要求及时认真检查，如《中华人民共和国突发事件应对法》《中华人民共和国安全生产法》《中华人民共和国防震减灾法》《中华人民共和国消防法》《危险化学品从业单位安全标准化规范》《危险化学品事故处置应知应会手册》等，不放过任何疑点，对查出的问题及时通知有关救援队、单位、救援指挥部等，并给出应急处置对策与措施					
序号	检查时段	检查项	检查方法	检查结果	安全等级	对策与措施
1	应对前期	(1) 信息收集是否及时； (2) 信息收集是否齐全详细	查阅、现场检查	□符合□不符合	较不安全	及时收集齐全信息
		应急处置方案是否安全科学合理专业且修改完善	查阅、现场检查	□符合□不符合	不安全	修改完善处置方案

表 6-2（续）

序号	检查时段	检查项	检查方法	检查结果	安全等级	对策与措施
1	应对前期	（1）自然灾害持续发生且是否影响应急处置工作；（2）其他危害因素存在且是否影响应急处置工作	现场检查	□符合□不符合	严重不安全	避免、消除或减少不安全或危害因素
2	初始应对期	到达现场是否及时	查阅、现场检查	□符合□不符合	不安全	及时到达现场
		应急处置设备携带是否满足要求	现场检查	□符合□不符合	不安全	携带满足要求的应急处置设备
		危险化学品种类确认是否正确	现场检查	□符合□不符合	不安全	正确确认危险化学品种类
		危险情况、方式确认是否正确	现场检查	□符合□不符合	不安全	正确确认危险化学品危险情况、方式
		初始安全距离确定是否合理	现场检查	□符合□不符合	不安全	确定初始安全距离使其合理
		（1）初始隔离区划定是否合理；（2）安全警戒标志放置是否到位清晰	现场检查	□符合□不符合	不安全	划定合理初始隔离区并放置清晰的安全警戒标志
		警戒区域出入口是否有人值守	现场检查	□符合□不符合	不安全	专人值守警戒区域出入口
		救援行动是否立即中止	现场检查	□符合□不符合	不安全	及时中止救援行动
		人员是否及时撤离到安全区域并进行洗消	现场检查	□符合□不符合	严重不安全	及时撤离人员到安全区域并进行洗消
		（1）自然灾害持续发生且是否影响应急处置工作；（2）其他危害因素存在且是否影响应急处置工作	现场检查	□符合□不符合	严重不安全	避免、消除或减少不安全或危害因素
		应急处置方案是否安全科学合理专业且修改完善	现场检查	□符合□不符合	不安全	修改完善处置方案
		简易洗消点搭建是否合理	现场检查	□符合□不符合	不安全	完善简易洗消点搭建使其合理

表6-2（续）

序号	检查时段	检查项	检查方法	检查结果	安全等级	对策与措施
3	现场处置期	个人防护是否到位	现场检查	□符合□不符合	不安全	认真检查个人防护使其到位
		漏电是否存在	现场检查	□符合□不符合	严重不安全	检查漏电并消除
		氧气含量是否异常	现场检查	□符合□不符合	严重不安全	检查氧气含量使其正常
		伤害人员是否及时抢救与救治	现场检查	□符合□不符合	较不安全	及时抢救与救治伤害人员
		（1）侦检路线设计是否合理；（2）侦检是否规范或遗漏；（3）侦检仪器是否满足要求	现场检查	□符合□不符合	不安全	（1）设计合理的侦检路线；（2）规范或不遗漏地侦检；（3）使用满足要求的侦检仪器
		危险化学品是否存在设施设备破坏及泄漏	现场检查	□符合□不符合	严重不安全	及时修复、堵漏
		危险化学品是否存在设施设备破坏及扩散	现场检查	□符合□不符合	严重不安全	及时修复、消除或阻止扩散
		危险化学品是否爆炸	现场检查	□符合□不符合	严重不安全	控制或消除爆炸
		危险化学品是否存在储存设施变形、倾倒、漂移、附件变动、浸泡等	询问、现场检查	□符合□不符合	严重不安全	及时处置并完成
		危险化学品事故周围是否存在安全隐患	现场检查	□符合□不符合	严重不安全	消除安全隐患
		危险化学品危害处置是否完成	现场检查	□符合□不符合	严重不安全	及时尽快完成处置
		危险化学品处置措施是否及时且科学专业	现场检查	□符合□不符合	严重不安全	采用及时且科学专业的处置措施

表 6-2（续）

序号	检查时段	检查项	检查方法	检查结果	安全等级	对策与措施
3	现场处置期	危险化学品储存设施是否存在温度较高并上升	现场检查	□符合□不符合	严重不安全	消除较高温度并使其下降
		气象因素是否有利于危险化学品事故处置	现场检查	□符合□不符合	不安全	避免、控制或减小不利气象因素
		危险化学品事故周围建筑以及地形地貌是否影响处置	现场检查	□符合□不符合	不安全	避免、控制或减小不利影响
		重危区、轻危区和安全区是否根据侦检结果重新确定	现场检查	□符合□不符合	不安全	根据侦检结果重新确定
		是否及时对应急处置工作提出合理对策与措施	询问、查阅、现场检查	□符合□不符合	不安全	及时提出合理对策与措施
		是否及时动态跟踪监测危险化学品危险源变化状态及其处置情况	询问、查阅、现场检查	□符合□不符合	不安全	及时动态跟踪监测
		（1）自然灾害持续发生且是否影响应急处置工作； （2）存在其他危害因素且是否影响应急处置工作	现场检查	□符合□不符合	严重不安全	避免、消除或减少不安全或危害因素
		应急处置方案是否安全科学合理专业且修改完善	现场检查	□符合□不符合	不安全	修改完善应急处置方案
		是否及时洗消	询问、查阅、现场检查	□符合□不符合	严重不安全	及时洗消
4	现场处置后期	是否及时进行安全动态评估并提出处置策略与指导意见	询问、查阅、现场检查	□符合□不符合	不安全	动态评估并提出处置策略与意见
安全检查结果		□安全/□不安全	对策与措施：			

4. 安全检查表的编制程序

（1）确定人员：要编制一个符合客观实际，能全面识别自然灾害救援现场危险化学品安全评估及处置危险的安全检查表，首先要建立一个编制小组，其成员包括熟悉自然灾害救援现场危险化学品安全评估及处置的各方面人员。

（2）熟悉安全评估及处置：包括自然灾害、危险化学品、应急救援、安全评估、交通、公安、水利、环保、卫生及相应处置等方面的专家。

（3）收集资料：收集有关安全法律、法规、规程、标准、制度及自然灾害救援现场危险化学品安全处置资料以及可能的不安全因素，作为编制安全检查表的依据。

（4）判别危险源：按功能或结构将自然灾害救援现场危险化学品安全评估及处置划分为子系统或单元，逐个分析潜在的不安全因素。

（5）列出安全检查表：针对可能的不安全因素、以往的事故教训，确定安全检查表的要点和内容，然后按照一定的要求列出表格。

5. 安全检查表检查

在编制完成安全检查表后，可以进行自然灾害救援现场危险化学品安全评估及处置检查演练，若自然灾害救援现场发生了危险化学品事故可以进行现场检查，检验安全检查表编制是否合理周全及其可操作性等。一般是由有经验的安全评估专家带领安全评估小组开展该项工作。

在进入危险化学品安全检查现场时，应根据先前了解的情况初步判定现场危险程度，制定现场安全检查、安全评估工作内容、流程以及穿戴好个人防护装备。

根据安全检查表所列项目，在现场逐项进行检查，对检查到的事实情况如实记录和评定（表6-2）。

6. 检查结果评估

根据检查记录，按照安全检查表的评估方法，对检查对象给予安全程度评级。安全检查评估结果随不同检查分析对象而变化，安全检查表评估应提出一系列的提高安全性的对策与措施。

安全检查表列举需要检查的项即查明所有会引发事故的不安全因素。采用提问的方式开展安全评估，要求回答“符合”或“不符合”（表6-2），“符合”表示符合要求；“不符合”表示存在问题有待于进一步整改、改进，消除不安全或危险因素，安全检查项“安全等级”分为“较不安全”“不安全”“严重不安全”3个级别，“安全级别”反映不安全因素危险程度即“不符合”存在问题的严重程度，与应急处置过程中应急处置先后顺序有关（即“严重不安全”不安全因素优先于“较不安全”“不安全”不安全因素被处置），与危险化学品事故现场安全状态关系不大。

在检查结果评估时，自然灾害救援现场危险化学品安全检查表法“安全检查结果”分为“安全”“不安全”等状态。例如，存在一项或以上安全检查项安全等级为“严重不安全”，自然灾害救援现场危险化学品安全检查结果为“不安全”，给出处置对策与措施；如不存在检查项安全等级为“严重不安全”，自然灾害救援现场危险化学品安全检查结果为“安全”。救援现场危险化学品安全检查表法安全检查结果为“不安全”状态时，应及时进行应急处置，达到“安全”状态后方可进行后续处置。

每个检查表均需注明检查时间、检查员、直接负责人等，以便分清责任。安全检查表的设计应做到系统、全面，检查项目应明确。

6.5 危险化学品现场安全评估

自然灾害救援现场危险化学品安全评估是指在危险化学品安全评估工作中，从安全评估人员知道危险化学品事故到提出救援建议与措施过程中各项工作的总称。

6.5.1 安全类型

自然灾害救援现场危险化学品安全类型主要分为救援现场无危险化学品、疑似危险化学品危害、危险化学品危害等，然后进行相应处置，相互关系如图 6-1 所示。

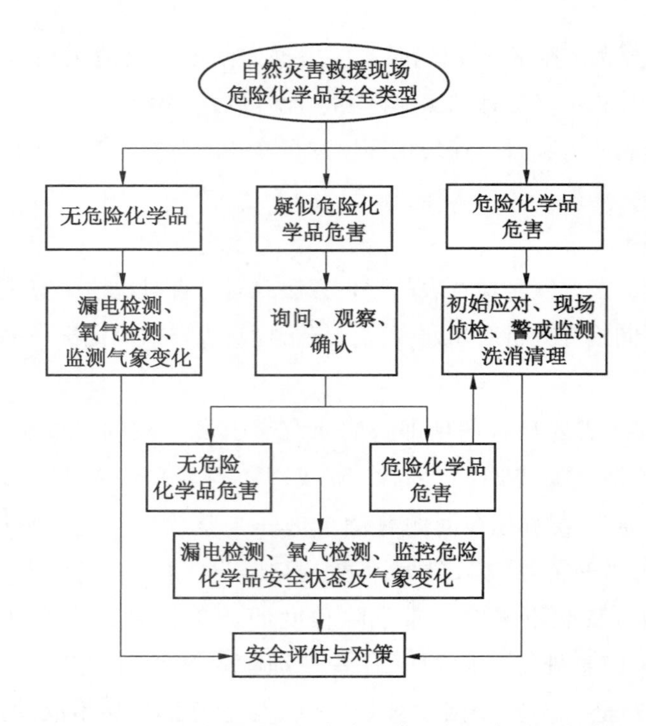

图 6-1　自然灾害救援现场危险化学品安全类型及应对图

6.5.2 安全评估步骤

危险化学品事故发生后，安全评估步骤主要包括：初始应对、现场侦检、警戒监测、关注了解、洗消清理、安全评估与对策等。

6.5.2.1 初始应对

初始应对主要是根据自然灾害救援现场危险化学品安全类型来决定安全评估步骤及相应采取的应急处置策略，分为无危险化学品、疑似危险化学品危害、危险化学品危害等。

1. 无危险化学品

自然灾害发生后，安全评估人员通过询问、察看、检查等方式，确认自然灾害救援现场无危险化学品，但需检测漏电、氧气含量以及监测气象变化（图6-1），为救援行动提供安全保障。

2. 疑似危险化学品危害

自然灾害救援队安全评估人员得知救援现场可能存在危险化学品危害但未进行现场侦检前，安全评估人员采取的应急处置措施，包括未达现场询情、现场询问、观察确认、初步确认危险情况等，尽快确认救援现场危险化学品危险情况与程度。

1）未达现场询情

未达现场询情指在未达到救援现场前，危险化学品安全评估人员通过相关人员或途径对救援现场疑似危险化学品危害有一个初步认识。

（1）询问危险化学品名称、特征、分布以及救援现场异常情况，如危险化学品颜色、气味、外包装、形状、大小、数量以及周边人员伤亡情况。

（2）询问救援现场其他不安全因素，如是否存在漏电、氧气含量是否正常、自然灾害是否持续发生及情况、倒塌建筑物或其他毁损和滑（移）动物质是否存在危险等。

（3）询问救援现场环境，包括周边建筑物类型、水电气情况、道路交通、地形地貌、河流湖泊水系和气象等。

2）现场询问

危险化学品安全评估人员到达救援现场后，向灾害报告人、知情人、围观人员、受伤人员、危险化学品拥有单位的负责人和技术人员、先期到达的救援人员等询问现场情况。通过询问，能够对危险化学品的名称、种类及其危害和可能产生的后续影响做出初步判断。

3）观察确认

（1）通过直接观察或使用望远镜、无人机、机器人等工具，对救援现场及周边情况、疑似危险化学品危害特征和外在表象进行观察，如气味、人员中毒症状、环境污染情况等，初步判断危险化学品种类、泄漏部位、危险程度、范围及人员被困等情况。

（2）若无法直接得知危险化学品信息，应通过识别各类标签（事故车体、箱体、罐体、瓶体等的形状、标签、颜色等），查阅对照相关规范获取。

（3）疑似危险化学品危害现场其他不安全因素及周边环境有关信息的观察与确认，如漏电、氧气、自然灾害是否持续发生以及交通、水源、地形地物、电源火源气源、邻近单位等。

4）初步确认危险情况

如确认救援现场无危险化学品危害，应检测确认是否存在漏电、氧气含量是否正常，并动态监控救援过程中危险化学品安全状态及气象变化（图 6-1）。若在监控过程中出现危险化学品危害以及初步确认存在危险化学品危害，应立即采取相应处置措施。

3. 危险化学品危害

在安全评估人员初步确认存在危险化学品危险后，即表明自然灾害救援现场安全状态为“不安全”，安全评估人员应采取的应急处置措施包括：如已开展灾害救援行动，应立即中止救援行动，并将救援人员撤离到安全区；给出停车和人员集结安全距离、警戒距离以及人员疏散隔离和搭建简易洗消点等（图 6-2）。

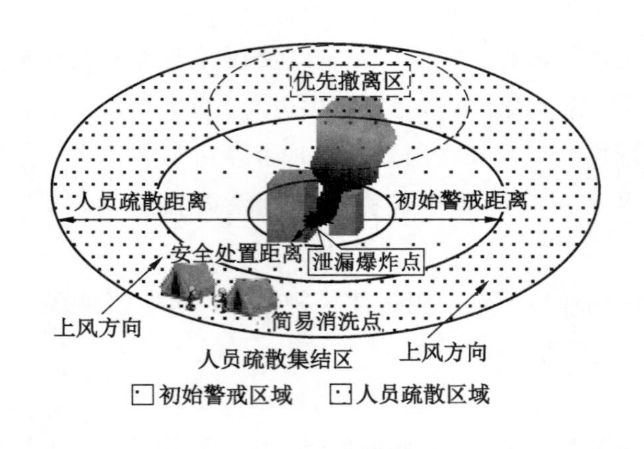

图 6-2　初始警戒疏散示意图

1）初始安全距离

根据初步了解确认的危险化学品危险情况，选择上风向或侧上风向停靠车辆（车头朝撤离方向）和集结人员，根据不同危险化学品事故类型保持一定的初始安全距离（表 6-3）。

表 6-3 不同危险化学品事故安全距离表

序号	安全危害	危害描述	集结停车安全距离/m	处置安全距离/m	人员疏散距离/m
1	易燃易爆可燃危险化学品泄漏、着火、爆炸	小规模泄漏（固定扩散或液体呈点滴状、细流或泄漏）	300	100	800
		储存液体的容器破裂且泄漏量较大，或储存气体的容器发生安全事故	500	300	1000
		情况未知或未发生着火（爆炸）安全事故	500	300	1000
2	有毒、有害气体泄漏	小规模泄漏	300	150	800
		泄漏量较大	500	150	1000
3	液化天然气（LNG）低温储罐、全/半冷冻低温储罐、天然气输气管线等发生事故		1000	1000	1000
4	危险化学品仓库或堆场发生安全事故	情况未知或未发生着火（爆炸）安全事故	500	300	1000
		已发生着火或爆炸安全事故	300	150	800
5	液化石油气（LPG）、压缩天然气（CNG）、液化天然气（LNG）、汽车罐体发生安全事故	车辆受损未泄漏	300	100	800
		车辆受损泄漏	500	150	1000
		情况未知或未发生着火（爆炸）安全事故	500	150	1000

初始安全距离仅作为危险化学品事故发生后较短时间（如 30 min）内应急处置参考，待后期侦检确定危险源具体物质、浓度范围、危害大小后，需进一步划定重度危险、轻度危险和安全等控制区，重新调整安全距离。

2）初始隔离警戒

根据初步确认的危险情况，划定事故现场初始警戒距离，在上风向设置出入口，协助严格控制人员和车辆出入，实时记录现场应急人员进入时间、防护能力、离开时间，初始警戒距离参考表 6-4。

表6-4 初始人员隔离警戒距离表

泄漏或扩散规模	气体/疏散距离	液体/疏散距离	固体/疏散距离
小规模	轻微泄漏/800 m	滴漏细流/800 m	小规模扩散/800 m
大规模	重大泄漏形成气体云/1000 m	大面积流淌扩散/1000 m	大规模扩散/1000 m

依据初步确认的危险情况，划定事故现场疏散人员距离（表6-4），协助将危险区域人员疏散至上风向安全区域（优先疏散下风向人员），并进行简易洗消。

如果已开展自然灾害救援行动，立即中止救援行动并将救援人员撤离到安全区域，并对救援设备、人员进行洗消。

初始人员隔离警戒距离仅作为危险化学品事故发生后较短时间（如30 min）内应急处置参考，依据侦检危险化学品具体物质、浓度范围、危害大小，重新调整隔离警戒距离。

3）简易洗消点搭建

简易洗消点应设置在初始警戒区域外的上风方向，用于对初期疏散人员、救援人员和应急处置人员撤离进行紧急洗消。

搭建方式有两种：一种是使用两辆消防车距离 3～5 m 并排停放搭建简易洗消点，一个方向为入口，另一个方向为出口；另一种是利用6m拉梯搭建三角形简易洗消点。

6.5.2.2 现场侦检

1. 漏电检测

在进行危险化学品现场侦检前，应进行漏电检测，确保侦检现场无漏电现象存在，然后方可进入现场进行侦检工作及其他应急处置工作（如清除障碍）。

2. 氧气检测

自然灾害救援现场危险化学品安全评估工作中一项重要任务是评估应急处置现场氧气含量是否正常，特别是自然灾害及其引起的危险化学品事故造成的建筑物倒塌狭小救援场地氧气含量检测十分必要。

3. 侦检方案

在充分做好个人防护的基础上，依据初始应对获得的自然灾害救援现场危险化学品事故信息，确定现场侦检方案，包括侦检类型、侦检人员、侦检路线、侦检位置、侦检实施方法、侦检仪器、现场警戒等。

4. 实地侦检

根据确定的现场侦检方案，侦检人员穿戴好合理的防护服，携带侦检仪器 3 人一组按照“上风—侧风—下风—侧风”路线即上侧风接近污染区域并进行侦检，边行进、边侦检、边标示危险区边界。在进行危险化学品浓度侦检时，需要同时进行气象、距离等信息监测。在侦检过程中做好侦检记录。

5. 中止侦检

在漏电检测、氧气检测、侦检危险化学品以及监测气象、水文等变化过程中，如出现危及侦检人员人身安全的事件（如自然灾害发生、危险化学品即将爆炸等），应立即中止侦检，将其及时撤离到安全区域并进行洗消处理。

6.5.2.3 警戒监测

（1）根据危险化学品侦检结果研判危险化学品种类、危险源位置、危害程度及气象水文监测情况，确定危险程度、防护等级；重新调整警戒范围（包括重危区、轻危区和安全区），设立警戒标志，警戒区内需停电、停火、停气，消除可能引发火灾和爆炸的火源。

（2）根据危险化学品危险源的分布及其周围环境，预测事故现场危险扩散趋势等情况，提出危险化学品危害处置建议与措施（如堵漏、灭火、筑堤导流、倒罐转移、扶正、侦检、监测、急救等），并协助专业人员开展处置工作。

（3）动态侦检危险化学品危害，及时跟踪危险化学品危险性、处置情况及现场安全状况的变化；加强对救援现场及其附近区域氧气、水质、大气、土壤、气象等信息的监测，防止泄漏、爆炸、辐射等造成危险化学品进入大气、附近水源、下水道等。

6.5.2.4 关注了解

及时关注自然灾害是否持续发生及其发展趋势，了解影响危害化学品危害、处置的其他不安全因素，如毁损建筑物是否存在倒塌危险，为危险化学品危害处置特别是安全评估提供全方位的安全保障。

6.5.2.5 洗消清理

1. 人员、服饰洗消

当人员、服饰遭受污染时，应尽快利用各种就便器材对皮肤和服饰进行局部或全身洗消，比如用毛巾、棉花、布等蘸水湿擦，有条件时相关人员应用洗涤剂进行淋浴。

2. 设备洗消

根据设备不同、污染严重程度和现场条件，对设备的去污可采用拍打、抖拂、刷擦、洗涤和高压水清洗等方式。

3. 建筑物和道路洗消

建筑物和道路的去污通常有干法去污（如清扫、吹脱、真空吸脱和去除污染表层等）、湿法去污（如冲洗、刷洗、擦拭等）和剥去涂层去污等。

4. 清理

对事故处理过程中产生的废物进行监测和妥善处理；清点人员、车辆及器材；撤除警戒，做好移交，安全撤离。

6.5.2.6 安全评估与对策

危险化学品安全评估工作一方面是检测漏电、氧气以及侦测危险化学品浓度、气象、水文等变化；另一方面是对救援现场整个环境安全状态进行综合评估分析，评估救援现场是否安全，是否可以开展救援工作。救援现场危险化学品安全评估一般采用安全表的形式进行，表6-5为地震灾害紧急救援队伍救援行动工作场地危险化学品安全评估表，表6-6为INSARAG（国际搜索与救援咨询团）国际搜索与救援指南工作场地安全评估表。

在实际危险化学品安全评估处置工作中，由于不同自然灾害及其引起的危险化学品事故不安全因素有所不同，安全评估表格式、内容以及评估侧重点、评估方法等有所区别，可参见表6-5、表6-6以及“6.4.3救援现场危险化学品安全评估方法”等有关内容和表进行设计并进行安全评估。

根据救援现场危险化学品危害因素和危险发展态势及监测结果进行动态评估，及时提出指导意见，调整救援方案，并将现场救援情况及时上报上级指挥部。

表6-5　工作场地危险化学品安全评估表

序号	危险因素	危险是否存在	备注
1	漏电	□有□无	
2	氧气	□有□无	
3	煤气泄漏	□有□无	
4	易燃、易爆	□有□无	
5	其他危险化学品泄漏	□有□无	

注：该表是在《地震灾害紧急救援队伍救援行动　第1部分：基本要求》（GB/T 29428.1—2012）附录B表B.1工作场地评估表有关危险化学品评估内容基础上修改制作，使用“在□上划√”。

表6-6　工作场地安全评估表

可能危险/事项	是	否	备注
正确穿戴防护服			
吸入有毒物			
爆炸			

表6-6(续)

可能危险/事项	是	否	备注
燃烧			
危害扩散			
放射性/核危险			
生化危险			
水、电、气等危险			
气候危险			
坠物、倒塌			
地形地貌危险			
水域下危险			
建筑物、余震、环境等危险			
决定与交流标记情况如警戒线			
异常气味			
可疑植物、地表/植物变色落叶			
可疑动物行为或群聚，或很多动物尸体			
可疑个人或群体			
军事设施、化工厂、仓库、冷库			
洗消场所情况			
与指挥者及救援单位沟通安保情况			
安保规定是否有效且遵守情况			
意外危险如溺水			
第一响应人体系及执行情况			
疾病、精神崩溃、恐惧反应等情况			
危险情况下行为准则知晓与遵守情况			

6.6　安全评估注意事项

6.6.1　影响安全评估因素及其事项

（1）狭小空间问题：特别注意狭小空间安全问题如漏电、氧气含量等，如危险可轻易消除、减轻或阻隔，且进行相关处置后可达安全状态，搜救行动可继续开展。

（2）特定场所信息：特别注意并侦检特定类型危险化学品，尤其是那些涉及核能、放射性元素、特殊军事设施、化学工厂、生物制品的工厂或仓库。

（3）侦检仪器：注意侦检仪器的日常保养维护及保质期，以免影响侦检结果。

（4）侦检人员：侦检人员必须具有广泛的知识背景与实战经验，还要具有较强的综合分析能力与判断能力。

（5）自然灾害发生信息：时刻关注自然灾害是否持续发生及发展趋势和影响。

（6）洗消：需要制定周密计划，以确保危险化学品安全评估人员具备为应急处置人员、设备及搜救犬提供适当的洗消时间、场所、设备的能力。

6.6.2 新增救援现场安全评估考虑事项

（1）完成安全评估时间。

（2）现有人员保护装备的安全性和局限性，特别是危险化学品防护保护装备及用品。

（3）救援现场现有安全评估资源，特别是安全评估人员数量及能力是否可行。

（4）救援现场安全保障事项考虑，包括警戒区的设置、值守以及救援过程中危险的侦测与监测等。

6.6.3 危险污染区启用策略（决策注意事项）

（1）危险化学品安全评估和现场踏勘风险分析结果，是启用危险污染区救援行动的首要考虑因素。

（2）救援队伍应考虑救援指挥中心新分配救援任务的意见或建议。

（3）救援队伍应衡量解救幸存者与找到遇难者两者之间的风险。

（4）救援队伍还应考虑在邻近区域内的其他优先救援任务。

思　考　题

1. 简述安全评估理论及依据。
2. 安全评估的目的及内容是什么？
3. 危险化学品安全评估涉及几类情况以及它们的区别与联系是什么？
4. 企业危险化学品安全评估方法有哪些？
5. 危险化学品安全情况分几类以及如何处置？
6. 危险化学品现场安全评估主要步骤是什么？如何处置？
7. 安全评估注意事项是什么？

7　危险化学品处置对策与措施

自然灾害伴随我们日常生活与工作，往往不可抗拒，必须与之长期斗争。自然灾害会对危险化学品生产、储存、运输、使用、废弃处置等环节的设备设施造成损害，引发危险化学品事故，给自然灾害救援现场救援行动顺利有效开展造成极大的影响。制定可靠有效的自然灾害救援现场危险化学品事故处置对策与措施至关重要，事故处置对策与措施与危险化学品事故危害方式、危害形式、事故场地等有关。本章一方面从危害方式、危害形式、事故场地等方面给出危险化学品事故处置对策与措施；另一方面对事故处置案例进行分析，总结好的做法、措施、经验以及不足与教训等，提高自然灾害救援现场危险化学品事故处置效率。

7.1　处置原则及方式

7.1.1　处置原则

自然灾害救援现场危险化学品处置原则是指在安全评估的基础上，根据安全评估所给出的救援现场安全状态，提供处置对策与措施时应该遵循的原则。

（1）安全可靠：是指采取处置对策与措施后，救援现场必须是安全的。安全是一切救援工作的首要任务，也是处置对策与措施的首要原则。

（2）科学专业：危险化学品种类多，涉及的理论知识多且专业性强，给出的处置对策与措施应该是科学的、专业的、合理的。

（3）快捷易行：是指所采取的对策与措施必须能够快速、简单且容易实行，否则将影响危险化学品处置行动。

7.1.2　处置方式

若确定救援现场存在危险化学品危害，或怀疑存在危险化学品危害，应立即中止救援行动，并开展相应的应急处置且进行安全评估。若安全评估结果表明救援现场处于“安全”状态后方可继续开展救援行动。

1. 疑似危险化学品危害处置方式

一般情况下，评估疑似危害应采用以下方式：

（1）确保疑似危险化学品危害现场环境安全，如不存在漏电、氧气含量正常。

（2）确保方法安全，人员通常站在顺风的上风处，或在发生液体泄漏时站在上坡位置。

（3）确保指挥和控制措施清晰明白且所有在场人员完全理解和执行。

（4）设法确定危险化学品危险源，全力严控或协助控制危险源，防止危害进一步扩大，确保安全评估人员、救援人员以及相关应急处置人员、周围居民的安全。

（5）评估潜在危害并尽可能减少环境危害，如环境污染。

（6）若危害处置为危险化学品安全评估员能力所及则排除危险；如超出其能力，应寻求专家建议或协助其他专业人员进行处置。

（7）做好危险化学品危害最坏打算并随时调整，直至危害态势并非如此。

（8）清污工作可能既需要装备又需要人力，应避免投入过多处置力量。

（9）无论何时使用防护服或防护装备，必须考虑洗消措施或策略，以防影响后续使用。

2. 危险化学品危害处置方式

（1）危险化学品安全评估员识别潜在的危险化学品危害和灾难，检测危害现场是否漏电、氧气含量情况，侦检危险化学品、监测气象及水质等变化。

（2）如果确认危险化学品存在，标示出危险区域，警示他人，立即报告给救援人员、现场相关人员，并向救援协调指挥中心汇报此威胁。

（3）如在自然灾害救援现场开展灾害救援行动，应立即中止救援行动，救援人员撤离到安全区域并对其进行洗消处理。

（4）进行力所能及的控险消危，如超过其处置能力范围，提请专业人员处置并协助。

（5）对危险区域进行持续监测并进行安全评估。

（6）及时关注自然灾害是否持续发生及其发展趋势以及救援现场危害处置人员的其他事件。

（7）在安全评估的基础上，口头或书面提出安全处理措施和建议。

（8）采取措施对危险化学品危害处及其物品、救援设备、防护装备以及疏散人员、处置人员等进行洗消处理。

（9）必须经过恰当的安全评估后，确认救援现场处于“安全”状态，灾害救援队伍才能执行相关任务。

7.2 处置类型及主要步骤

7.2.1 危险化学品处置类型

根据处置人员技能和装备专业性的不同，处置方式分为专业处置和非专业处置。

1. 专业处置

专业处置指专业危险化学品应急救援队伍，在配备有专业救援装备的情况下对自然灾害救援现场危险化学品进行的处置，包括对泄漏、爆炸、核辐射等的处置。

危险化学品应急救援队伍，一般指依托大型危险化学品企业建立并按有关标准配备专业人员、救援装备、设施，进行各类危险化学品事故应急救援的专职应急救援队伍，如国家危险化学品应急救援普光队、国家危险化学品应急救援中原油田队等。专业救援装备主要包括救援车辆、侦检、通信、抢险、堵漏、灭火、洗消及个体防护等装备。

2. 非专业处置

非专业处置指危险化学品应急救援队伍在不具备专业救援装备与人员的情况下或非危险化学品应急救援队伍，对自然灾害救援现场危险化学品进行处置，如非专业危险化学品应急救援队、第一响应人、灾害救援队危险化学品安全评估员等。

在自然灾害中受灾区域交通、通信等基础设施受到严重破坏，影响或妨碍专业救援队伍和装备的调度，无法在危险化学品事故发生后第一时间到达现场进行处置；为了防止危险化学品危害进一步扩大或蔓延，现场有处置能力人员应及时对危险化学品危害进行力所能及的非专业处置，如危险化学品信息收集、环境了解、人员隔离疏散、伤员初步救治等。

7.2.2　处置主要步骤

自然灾害救援现场危险化学品处置大体分为个人防护、安全评估、隔离警戒、控险消危、医疗急救、洗消清理等主要步骤。

（1）个人防护：个人防护是危险化学品危害处置的重要环节，指正确选择穿戴合规有效的防护用品，达到保护危险化学品应急处置人员进入处置现场的目的。

（2）安全评估：在检测是否漏电、氧气含量以及收集危险化学品相关信息的基础上，进行救援现场危险化学品问、闻、听、看、侦、监等，了解其浓度、分布及气象变化等，提出应急处置措施与建议。

（3）隔离警戒：根据自然灾害救援现场危险化学品事故安全评估结果，视情对某一区域实行封锁隔离警戒，禁止无关人员、车辆出入。

（4）控险消危：指采取有效措施控制、减少、消除自然灾害救援现场危险化学品事故危害以及控制、减少损失，如危险化学品泄漏堵漏、泄漏物处置、火灾灭火等。

（5）医疗急救：采取措施对危险化学品危害造成的人员伤害进行救治，防止伤害进一步扩大，包括医务人员的专业医疗救治和危险化学品安全评估人员的辅助救治。

（6）洗消清理：①对危险化学品事故危害区及其附近区域疏散人员、车辆等进行洗消处理；②对危险化学品处置人员、设备、场地等进行清洗与消毒，清理残留物，清点人员、车辆及器材。

由于自然灾害类型、危险化学品种类等不同，自然灾害引发的危险化学品事故的具体处置步骤有所区别。

7.3 危害方式处置对策与措施

危险化学品事故危害方式主要为泄漏、爆炸、腐蚀、中毒、核辐射等。灾害救援现场危险化学品安全评估后，如救援环境安全状态为“不安全”，应根据危险化学品事故危害方式、危险化学品物理化学性质以及危险化学品安全态势等给出相应的处置对策与措施。

7.3.1 泄漏

危险化学品泄漏，容易发生中毒或转化为火灾爆炸等事故，必须及时、得当处置。要成功控制、消除泄漏，必须事先制定周密计划，并对危险化学品的物理化学性质和反应特性有所了解。危险化学品泄漏安全处置一般分为泄漏源控制和泄漏物处置两部分。具体处置对策与措施因泄漏处开口大小、泄漏速度、泄漏总量、泄漏途径及气象条件等因素而异。

1. 到达现场

（1）获知自然灾害引发危险化学品泄漏后，及时了解相关情况，制定应急处置方案。

（2）自然灾害经常破坏基础设施，如地震、滑坡、暴风雨等造成交通、通信等中断。应急处置人员未在事故现场的，在能力范围内及时清除阻碍道路的障碍物，尽快赶赴事故现场；如无法清除障碍物，提请相关部门专业处理，携带轻型处置设备赶赴事故现场。

2. 个人防护

（1）进入现场人员须根据泄漏物的物理化学性质和毒物接触形式，配备必要的个人防护用品。处置毒害物泄漏时，应尽量使用隔绝式空气面具；处置具有腐蚀性的危险化学品泄漏时，必须穿防酸碱服，戴防飞溅罩。

（2）为了防止自然灾害中如崩塌、滚石以及建（构）筑物毁损等带来的伤害，还应穿戴、佩戴防碰撞防护用具，如头盔、护膝、护腕等。

（3）进入现场人员可根据实际情况携带一定数量的防护装备，给事故现场无法撤离的被困人员提供防护。

（4）进出现场人员姓名、时间须有专人负责检查登记。

3. 漏电检测

自然灾害引发危险化学品泄漏时常伴随着漏电，在进入泄漏现场进行危险化学品危害处置前，应检测现场是否存在漏电，如不存在漏电方可进入现场进行应急处置工作。

4. 氧气检测

氧气检测是自然灾害引发危险化学品泄漏时环境安全检测的重要任务之一，在确认氧气含量正常的情况下方可进入现场进行应急处置，如清除障碍物、安全评估等。

5. 清除障碍物

清除自然灾害引发的危险化学品泄漏现场的雪水、土石、树木以及倒塌物、毁损物（如建筑物、电线杆等），以便进入事故现场侦检危险化学品和控险消危。

6. 安全评估

（1）在严密动态侦测危险化学品泄漏、堵漏、泄漏物处置等基础上，跟踪分析危险化学品危险区域危险化学品浓度变化及分布范围。

（2）动态监测氧气、气象、水质等变化，及时掌握影响危险化学品处置因素和危害是否蔓延或扩大。

（3）及时关注自然灾害是否持续发生及其发展趋势以及救援现场危害处置人员的其他不安全事件，如毁损建筑是否存在倒塌危险，熟知其对危险化学品泄漏、处置的影响。

（4）在警戒隔离区域外的上风方向设置并搭建简易洗消点，用于对疏散人员、救援人员及车辆、设备等进行紧急洗消。

（5）综合分析并评估救援现场危险化学品泄漏安全状况，口头或书面动态提出安全处理措施和建议。

7. 警戒隔离

（1）根据泄漏危险化学品危害程度、影响区域及气象因素等划定危险化学品警戒区，设立警戒标志，合理设置出入口，禁止无关人员、车辆出入警戒区。

（2）当警戒区附近存在自然灾害毁损区时，应进一步扩大警戒区范围将其包含在警戒区内。

（3）对下风方向区域或当泄漏量比较大时要扩大警戒区。

（4）在警戒边界要实施不间断的侦检，确保警戒区的有效性。

8. 疏散人员

为了消除危险化学品危害，防止其蔓延或扩散，从危险化学品泄漏污染区及其附近区域出来的人员、车辆等均需要进行洗消处理。

1）可以疏散

（1）自然灾害救援现场发生危险化学品泄漏时，如存在灾害救援行动，应立即中止行动并将救援人员撤离到安全区域。

（2）位于危险区或危险区附近的人员，应立即向上风向且远离危险化学品威胁的方向疏散撤离，并尽快找到避难场所。

（3）在撤离过程中，应选择合理的撤离路线，当泄漏点位于上风向时，应绕开泄漏点，再向上风向撤离，避免横穿危险区域，使用标志物（如小红旗）、扩音器和强光手电等器材引导撤离人员。

（4）对沾有毒害性物品的人员要在警戒区出入口处实施洗消，待其进入安全区后再作进一步检查，对造成伤害的人员要尽快进行救护。

2）无法疏散

对于无法及时撤离的被困人员，如倒塌建筑物的压埋人员，实施暂时防护与撤离时应注意以下几点：

（1）做好防护，用湿毛巾、湿口罩等保护呼吸道；用雨衣、手套、雨靴、床单、防护服等保护暴露皮肤；用游泳潜水镜、开口透明塑料袋等保护眼睛。

（2）身体可以移动人员，可暂时躲避在密封性好、耐火等级高的建筑物内，紧闭门窗，堵住明显缝隙，关闭空调等通风设备和熄灭火源；对密封性差的建筑物，可躲避在背风的地方，尽量利用物品做好个人防护。

（3）身体无法移动人员，在其周围背风方向搭建临时遮挡物。

（4）当有液体泄漏物或事故处置中产生废水时，挖沟渠或筑堤引导或阻挡液体，避免液体接触或浸泡受困人员。

（5）如果泄漏物质的密度比空气大，选择往高处逃生，如楼顶；相反，选择往低处逃生。

（6）当危险化学品可移动时，在保证安全的情况下移动危险化学品，使其远离被困人员。

（7）及时利用扩音器、广播等联系被困人员，通报泄漏处置和救援措施及进度，稳定其情绪，增强获救的信心。

9. 控险消危

危险化学品泄漏控险消危包括泄漏物控制、泄漏物处置两部分。

1）泄漏物控制

（1）充分了解泄漏点的危险程度、泄漏孔尺寸、泄漏点处实际的或潜在的压力、泄漏危险化学品物理化学特性、自然灾害影响、气象因素等，制定可靠有效的泄漏控制措施，防止泄漏控制失败。

（2）如是易燃易爆、有毒等危险化学品大量泄漏，应立即上报应急指挥部、救援队，同时拨打“119”报警，请求专业人员处置，要保护、控制好泄漏现场。

（3）若在安全评估人员能力范围内，应及时堵塞和修补裂口，防止进一步泄漏；若超出其能力范围，应提请专业危险化学品处置人员堵塞和修补裂口，以防爆炸。

（4）严密监测泄漏控制情况以及自然灾害、气象变化，防止危险化学品事故危害扩散或蔓延，殃及其周围及其附近地区的江河、湖泊、建筑物、车辆及人群等。

2）泄漏物处置

（1）若在安全评估人员和非专业人员能力范围内，应及时处置泄漏物，防止危害蔓延或扩大，否则由专业应急处置人员处置泄漏物。

（2）如泄漏物是易燃品，停止危险区内一切可能危及安全的动火、产生火花的作业，关闭电气设备，包括呼机、手机、电话机等通信器材，消除各种火源，注意摩擦、静电等潜在火源，并立即向安全评估组负责人或有关部门报告。

（3）通过覆盖法、吸收法、筑堤堵截法等方法使泄漏的危险化学品及时得到安全有效的处置，有效防止二次危害发生。

（4）参加泄漏处置工作的人员要于高处或上风处进行处置，严禁单独行动，要有监护人，必要时要用水枪（雾状水）掩护。

（5）泄漏物及处置过程中产生的废弃物应尽量避开被困人员及自然灾害损坏区域，如滑坡、地表裂缝及倒塌建筑物等，以免加重自然灾害损害。

气体泄漏物处置：①处置人员应在上风处进行相应处置，应使泄漏物处于通风扩散状态，或者喷洒雾状水使之液化后再进行处理；②如下风向有无法撤离的被困人员，尽量喷洒雾状水使泄漏气体液化并阻拦液化气体，避免随风扩散的气体危害被困人员；③若是被压埋管道或储罐泄漏爆炸燃烧，切断泄漏管道上、下游阀门（管道泄漏），可在外围用雾状水稀释、驱散可燃气体，待侦检评估没有爆炸危险后，方可进入现场进行挖掘堵漏作业。

液体泄漏物处置：①少量液体泄漏，可用沙子、吸附材料、中和材料等吸收中和，然后收集于容器内再进行处理；②大量液体危险化学品泄漏后四处蔓延扩散，可采用覆盖、筑堤（挖沟槽）等方法进行控制；③为降低泄漏物向大气蒸发，并且防止可燃泄漏物发生燃烧，可用泡沫或其他覆盖物覆盖，然后进行转移处理；④筑堤（挖沟槽）是将液体泄漏物控制在一定范围内，再进行泄漏物处置；为保证有足够的时间在泄漏物到达前修好围堤，且控制污染区域不扩大，筑堤地点不应离泄漏点太近或太远；⑤为减少大气污染，通常采用水枪或消防水带向有害物蒸气云喷射雾状水；对于可燃物，可以在现场施放大量水蒸气或氮气，破坏燃烧条件；⑥如果是被压埋管道或储罐泄漏爆炸燃烧，切断泄漏管道上、下游阀门，迅速用泡沫覆盖泄漏液体，并设置围油栏（若泄漏液体已流入江、河、湖面，应设置围油栅），回收泄漏液体；待侦检安全评估没有爆炸危险后，方可进入现场进行挖掘堵漏。

易燃易爆泄漏物处置：如果危险化学品泄漏物是易燃易爆的，应严禁火种；扑灭任何明火及任何其他形式的热源和火源，降低发生火灾爆炸的危险性。

固体泄漏物处置：用适当的工具收集泄漏物，然后消洗被接触物体以及用水冲洗被污染场所。

放射性泄漏物处置：放射性泄漏事件发生后，立即向评估小组负责人报告并逐级上报，立即撤离救援人员及其他人员，提请专业放射性人员进行处置。

泄漏污染物处置：①少量泄漏物及处置产生的污染物，根据泄漏物物理化学特性选用适当方式、物质处置；②大量泄漏物及其处置产生的污染物，可构筑围堤或挖坑收容，用泵转移至槽车或专用收集器，回收或运至废弃物处理场所进行处置。

10. 中止处置

如在危险化学品泄漏应急处置（如泄漏物控制、泄漏物处置、安全评估、医疗急救等）过程中，出现危及应急处置人员人身安全的情况时（如自然灾害发生、危险化学品泄漏即将爆炸等），应立即中止应急处置，及时撤离到警戒隔离区外并进行洗消。

待其安全评估确认无危及应急处置人员人身安全情况后，方可继续开展危险化学品泄漏处置。

11. 医疗急救

（1）当发现有人员受伤时，拨打“120”联系急救中心或医院。

（2）迅速将患者撤离现场至空气新鲜处，去除伤员口鼻中的异物，解开衣物，保持呼吸道畅通，呼吸困难时给氧。

（3）搬运脊柱损伤人员时尽量使用担架、木板等，注意保持伤员的水平位置，以免因移位而发生截瘫。

（4）呼吸停止、心搏存在者，就地平卧解松衣扣，通畅气道，立即口对口人工呼吸，注意要戴呼吸面罩或其他医用呼吸器进行；心搏停止、呼吸存在者，应立即作胸外心脏按压，已发生心脏和肺损伤时，慎重应用心脏按压技术。

（5）皮肤如沾染泄漏酸性腐蚀性危险化学品，应立即脱去被污染的衣物，并用清水或小苏打、肥皂水冲洗，溅入眼睛用温水或5%小苏打溶液冲洗；皮肤或眼睛如接触碱性腐蚀性危险化学品应立即用清水或硼酸水冲洗，冲洗时间不少于15分钟，也可以用稀乙酸冲洗后涂抹氧化锌软膏。

（6）食入危险化学品时，应立即漱口。饮足量温水，禁食，催吐，并及时就医。意识不清者不可进行催吐，保持头偏向一侧，防止呕吐物吸入堵塞气道。

（7）冻伤时，迅速复温。复温方法是采用40~42 ℃恒温热水浸泡，使其温度提高至接近正常；在对冻伤部位进行轻柔按摩时，应注意不要将伤处的皮肤擦破，以防感染。

（8）烧伤时，应迅速将患者衣服、鞋袜脱去，用水冲洗受污染处15分钟以上，用清洁布覆盖创伤面，避免创面污染，注意不要把水疱弄破。

（9）简单处理或患者病情稳定、减轻后，应立即送医院继续就医。

12. 洗消清理

危险化学品泄漏处理完毕并对救援现场、处置人员、设备经过消洗处理，然后清理残留物，清点人员、车辆及器材，为救援现场危险化学品安全状态评估作准备。

13. 救援行动展开

在危险化学品安全评估人员综合分析评估危险化学品泄漏现场、处置人员和设备等处于“安全”状态，撤除警戒、安全撤离、做好移交等之后，自然灾害救援人员方可继续开展灾害救援行动。

7.3.2 爆炸

爆炸品、压缩气体和液化气体、易燃液体、易燃固体、自燃物品、遇湿易燃物品、氧化剂和有机过氧化物等危险化学品，由于其化学活性或易燃性，在条件具备时易发生燃烧或助燃而引发爆炸。

1. 询情

当安全评估人员知道自然灾害救援现场发生危险化学品爆炸事故时，应尽快了解以下情况，为制定应急处置方案提供支撑。

（1）被困、受伤人员情况，包括人员数量、身体状况、所处位置等。

（2）确定爆炸源为何种危险化学品及位置、容器储量以及是否发生爆炸、爆炸时间、形式以及是否存在火情等。

（3）爆炸现场是否存在漏电、氧气含量是否异常等不安全因素，附近单位、居民、交通、地形等，水、电、气、通信以及消防设施及其布设分布和工艺措施。

（4）自然灾害对救援现场影响情况，自然灾害是否存在持续发生可能及发生趋势。

（5）爆炸周围及其邻近地区情况特别是污染和救援情况。

2. 到达现场

（1）进一步了解和核实相关情况，及时制定应急处置方案并穿戴好相应的防护用品。

（2）自然灾害经常破坏基础设施，如地震、滑坡、暴风雨等造成交通、通信等中断；应急处置人员未在事故现场的，如在能力范围内及时清除道路障碍物；如无法清除障碍物，提请专业部门处理。

3. 防护等级确定

现场评估人员根据初步了解的爆炸危险化学品及其理化性质、爆炸现场情况，划定危险区域，立即撤走救援人员和周围围观人员，并拉起警戒线，确定相应防护等级（表7-1）；根据防护等级和危险化学品物理化学性质，确定应急处置人员进入现场进行应急处置时穿戴的防护用品。

表7-1 防护等级简表

级别	着装要求		防护面具	防护范围
一级	特级化学防护服	防静电内衣	空气呼吸器	军用芥子气、沙林毒气、光气、氯气、砷化物、氰化物以及有机磷毒剂等危险化学品
二级	一级化学防护服	防静电内衣	空气呼吸器	浓硫酸、浓硝酸、氨水、丙酮氰醇、苯甲腈及甲苯、对二甲苯等危险化学品
三级	二级化学防护服	防静电内衣	空气呼吸器或简易滤毒罐	氯甲烷、溴仿、四氯化碳、甲醛、乙醚、丙酮等危险化学品

4. 个人防护

（1）根据确定的个人防护等级以及爆炸危险化学品物理化学性质，应急处置人员在进入处置现场前，应正确选择穿戴合规有效的防护用品，达到保护应急处置人员的目的。

（2）根据自然灾害类型及救援现场特点，合理穿戴、佩戴防碰撞防护用具，防止自然灾害发生过程中岩土崩塌、滚石、建（构）筑物毁损、树木和电线杆倒塌等带来的伤害。

（3）若存在事故现场无法及时撤离的被困人员，进入现场应急处置人员可根据情况携带一定数量的防护装备为其提供防护。

（4）须有专人负责检查登记进出现场人员姓名、时间等信息，知晓其行踪。

5. 漏电检测

检测危险化学品爆炸现场是否存在漏电，确保进行应急处置人员的人身安全。如存在漏电现象，在安全评估人员能力范围内应及时处置，超出安全评估人员能力范围应及时提请专业部门、人员处置。

6. 氧气检测

自然灾害及其引起的危险化学品爆炸现场（如狭小处置空间），时常会出现氧气含量异常，需要进行氧气检测，评估其安全性；若处置现场氧气含量正常，方可进入进行应急处置。

7. 清除障碍物

清除自然灾害及其引起的危险化学品爆炸事故现场的雪水、土石、树木以及倒塌物、毁损物（如建筑物、电线杆等），以便进入事故现场进行应急处置。

8. 安全评估

（1）安全评估员在制定周密详细的危险化学品侦检方案后，检测爆炸现场是否漏电、氧气含量是否正常，侦检爆炸现场及其附近危险化学品浓度及变化范围。

（2）严密动态侦测危险化学品储存设备温度、爆炸事故（泄漏、爆炸、火灾等）及其处置等，及时跟踪其变化。

（3）及时监测事故发生地及其周围附近气象、水文等信息变化，及时关注自然灾害是否持续发生及其发展趋势，了解影响危险化学品爆炸危害及处置。

（4）协助专业人员对环境危害进行监测，为有效控制、减小、消除危险化学品爆炸危害蔓延提供技术支撑。

（5）在警戒隔离区域外的上风方向设置并搭建简易洗消点，用于对疏散人员、救援人员及车辆、设备等进行紧急洗消。

（6）及时动态综合分析并评估救援场地危险化学品爆炸处置进度及其安全状况，提出安全处理方案和措施。

9. 警戒隔离

“警戒隔离”措施参考“7. 3. 1 泄漏”“7. 警戒隔离”部分。

10. 疏散人员

自然灾害救援现场发生危险化学品爆炸时，如存在灾害救援行动，应立即中止并将救援人员撤离到安全区域；位于污染区或污染区附近的人员，应立即向上风向且远离危险化学品爆炸威胁的方向疏散撤离。具体人员疏散措施参见“7. 3. 1 泄漏”“8. 疏散人员”部分。

11. 控险消危

不同易燃易爆危险化学品具有不同的物理化学性质，爆炸处置措施应不同。若爆炸处置难度大，超出安全评估人员能力，应立即提请专业人员处置，并保护好爆炸现场，防止发生伤害。

1）易燃气体

易燃气体与空气混合形成爆炸性混合物，遇明火或高温易发生燃烧或爆炸，如丙烯、乙烯等。

（1）关闭阀门切断物料。①在安全评估人员能力范围内，且在安全情况下，及时寻找阀门并尽快关闭切断物料，防止更大的爆炸发生及危害扩大，如超出能力范围内，提请专业人员处置；②若不能切断气源，则不能盲目扑灭泄漏处燃烧火势，以防堵漏失败后大量可燃气体继续泄漏，与空气形成爆炸性混合体，遇火源发生大范围爆炸；③如果是被压埋管道或储罐爆炸燃烧，切断事故管道上、下游阀门（管道事故），切断火势蔓延途径，控制燃烧范围，并射水保护周围设施，任其稳定燃烧，直至自行燃尽熄灭。

（2）堵漏灭火。①如果泄漏口不大，能在短时间内快速予以封堵，则可以用相应灭火剂灭火，事先应消除泄漏附近一切火源，然后组织人力快速实施堵漏，同时用雾状水稀释驱散泄漏气体；②如果泄漏口较大，难以堵漏或无法堵漏，则可以采取冷却着火容器及周围容器的办法，防止发生爆炸，任其稳定燃烧，直至自行燃尽熄灭；③扑灭外围火点，冷却和疏散受火势威胁的密闭容器和可燃物，切断火势蔓延途径，控制燃烧范围，冷却要均匀、不间断；④当火焰熄灭，但还有气体扩散且堵漏失败时，要果断采取措施点燃，以防更大的爆炸发生。

2）易燃液体

易燃液体遇火容易燃烧并产生爆炸，如汽油、甲醇等。

（1）安全评估人员在保障安全的情况下，若在能力范围内及时寻找阀门并尽快关闭切断物料，防止更大的爆炸发生及危害扩大；如超出能力范围内，提请专业人员处置。

（2）如果管道阀门已损坏或储罐泄漏，应准备好堵漏材料，扑灭地上流淌和泄漏口的火焰后，迅速采取堵漏措施；若安全阀发生声响或储罐变色，处置人员应立即撤离现场。

（3）根据液体相对密度（比重）、水溶性等，选择正确的灭火剂扑救。比水轻又不溶于水的液体（如汽油、苯等），可用普通蛋白泡沫或轻水泡沫扑救；比水重又不溶于水的液体（如二硫化碳），可用水扑救；具有水溶性的液体（如醇类、酮类等），可用抗溶性泡沫扑救。

（4）扑救具有沸溢和喷溅危险的液体（原油、重油等）火灾时，必须注意计算可能发生沸溢、喷溅的时间和观察是否有沸溢、喷溅征兆，一旦发现危险征兆应立即撤离现场人员。

（5）大面积（$>50m^2$）液体火灾，选准突破点，强行穿插，分割成若干小片，并从不同方向予以包围，分片消灭；难以扑灭的大面积火灾，在控制火势不蔓延情况下，待其燃尽。

（6）对流淌火灾，应筑堤（或用围油栏）拦截漂散流淌的液体或挖沟导流，将液体导入安全的指定地点，进行灭火。

（7）如果是被压埋管道或储罐爆炸燃烧，切断事故管道上、下游阀门，迅速组织力量消灭火势，待检测空气中可燃气体浓度无爆炸危险后，方可进行挖掘、堵漏作业。

（8）扑救过程中，消防水枪应避免直射存在安全隐患的受损建（构）筑物；若受损建（构）筑物倒塌后不会导致险情进一步扩大，或者有利于消除险情时，消防水枪可以直接喷射毁损建（构）筑物。

3）固体自燃物品

固体自燃物品对热、撞击等敏感，易被点燃，燃烧迅速并产生爆炸，可散发有毒气体，如红磷、硫黄等。

（1）扑灭外围火点，冷却和疏散受火势威胁的密闭容器和可燃物，切断火势蔓延途径，控制燃烧范围；冷却要均匀、不间断。

（2）视情用沙土覆盖、干粉抑制、泡沫覆盖、用水强攻等方法灭火。

（3）少数易燃固体和自燃物品不能用水和泡沫扑救，如三硫化二磷、铝粉、烷基铝、保险粉等，应根据具体情况分别处理，宜选用干沙和不用压力喷射的干粉扑救；对黄磷等自燃点低的物质首先切断火势蔓延途径，用低压水或雾状水，避免高压水冲走黄磷。

4）遇湿易燃物品

遇湿易燃物品遇水或受潮时发生剧烈化学反应，放出易燃气体和热量，产生爆炸，如甲醇钠、碳化钙等。

（1）禁止用水、泡沫、酸碱灭火剂扑救。

（2）液体应用干粉等，固体应用水泥、干沙等，轻金属应用氯化钠等专用灭火剂扑救。

（3）对粉末等危险化学品火灾，切忌喷射有压力的灭火剂，防止冲散粉末。

5）爆炸物品

要采取一切可能的措施，全力制止爆炸再次发生。安全评估人员应密切注意事故现场情况，若有发生再次爆炸的征兆或危险，及时迅速做出口头建议，现场应急处置指挥部立即下达撤退命令。处置人员看到或听到撤退信号后，应迅速撤离至安全地带；来不及撤退时，应就地卧倒。

（1）切忌用沙土盖压，以免增强爆炸物品爆炸时的威力。

（2）在处置过程中，如危险化学品容器突然发出异常声音或发生异常现象，应立即撤离，切勿在储罐两端停留，以免发生爆炸伤害处置人员。

（3）灭火人员应尽量利用现场现成的掩蔽体或尽量采用卧姿等低姿射水，尽可能地采取自我保护措施。

（4）处置车辆尽量不要停靠在离爆炸物太近的水源处。

（5）如有疏散可能，在人身安全确有可靠保障的条件下，应立即组织力量及时疏散着火区周围的爆炸物品，使着火区周围形成一个隔离带。

（6）扑救爆炸物品堆垛时，水流应采用吊射，避免强力水流直接冲击堆垛，以免堆垛倒塌引起再次爆炸。

6）毒害品、腐蚀品

毒害品（如氯气、氰化物等）对人有强烈的毒害、窒息、刺激作用，进入机体后，会引起暂时或持久性的病理状态，甚至危及生命；腐蚀品（如硫酸、氢氧化钠等）能灼伤人体组织并对金属等物品造成破坏。

（1）考虑到过滤式防毒面具防毒范围的局限性，在扑救毒害品火灾时应尽量使用隔绝式空气面具。

（2）在保证安全的情况下尽可能切断泄漏源。

（3）扑救毒害品、腐蚀品燃烧爆炸事故时，应尽量使用低压水流或雾状水，避免毒害品、腐蚀品溅出；遇酸类或碱类腐蚀品最好调制相应的中和剂稀释中和。

（4）遇毒害品、腐蚀品容器泄漏，在扑救火灾后应采取堵漏措施；腐蚀品需用防腐材料堵漏，避免泄漏物与可燃物质接触，火灾扑灭后及时将可燃物分离。

（5）若有毒物质扩散，判明其比重；若比空气重，处置人员不能站在低处，若比空气轻，处置人员不能站在高处；然后应先稀释降低浓度再进行相应处置。

12. 中止处置

（1）若在应急处置过程中（如危险化学品爆炸事故堵漏、灭火、安全评估、医疗急救等），出现危及应急处置人员人身安全的情况（如自然灾害发生、危险化学品即将发生爆炸等），应立即中止应急处置，及时撤离到警戒隔离区域外并进行洗消处置。

（2）经过安全评估员评估后，不存在危及应急处置人员人身安全的事件时，经有关领导或指挥部批准方可继续开展应急处置工作。

13. 医疗急救

“医疗急救”措施参考“7. 3. 1 泄漏”“11. 医疗急救”部分。

14. 洗消

洗消点应设立在危险区与安全区交界处。选择合适的消洗方式对爆炸场地或污染场地、安全评估人员、处置人员以及侦检设备、处置装备等进行洗消，然后评估其安全状态；洗消污水的排放必须经过环保部门的检测，以防造成次生灾害。

15. 清理

（1）处置气体事故时，用喷雾水、蒸气、惰性气体清扫现场内事故罐、管道、低洼、沟渠等处，确保不留残气（液）。

（2）处置液体事故时，少量残液，用干沙土、水泥、粉煤灰、干粉等吸附，收集后作技术处理或视情况倒入空旷地方掩埋；大量残液，用防爆泵抽吸或使用无火花盛器收集，集中处理；在污染地面洒上中和剂或洗涤剂浸洗，然后用大量直流水清扫现场，特别是低洼、沟渠等处，确保不留残液。

（3）处置固体事故时，爆炸火场残物，用干沙土、水泥、粉煤灰、干粉等吸附，收集后作技术处理或视情倒至空旷地方掩埋；在污染地面洒上中和剂或洗涤剂浸洗，然后用大量直流水清扫现场，特别是低洼、沟渠等处，确保不留残物。

16. 救援行动展开

洗消清理后，危险化学品爆炸事故现场以及救援人员和装备经过危险化学品安全评估人员评估处于“安全”状态；经有关领导或指挥部同意，在撤除警戒、安全撤离、做好移交等工作后，自然灾害救援人员方可继续进行灾害救援行动。

7.3.3 腐蚀

腐蚀危险化学品具有腐蚀性，是指能灼伤人体组织并对金属等物品造成损坏的危险化学品，对人体损害主要是通过泄漏后接触人体（特别是皮肤）形成化学灼伤。因此，危险化学品泄漏处理对策与措施也适用于腐蚀性危险化学品事故的处置。

1. 个人防护

（1）进入危险化学品腐蚀危害现场时，应根据危险化学品物理化学性质佩戴防护用品如防护镜、防护衣、防护靴等；根据初步确定的危险化学品酸碱性穿专用防酸或防碱工作服，戴厚度不小于 0.7 mm 的橡皮手套；在形成蒸气的危害现场，使用带过滤功能的 TZL30 呼吸器；在处置诸如液氨事故时，应穿防寒服。

（2）自然灾害救援现场经常发生如洪水、岩土崩塌、滚石以及建（构）筑物毁损、树木和电线杆倒塌等事故，应穿戴、佩戴防碰撞防护用具如头盔、护膝、护腕、防水鞋等，防止自然灾害对处置人员造成伤害。

（3）如事故现场存在未及时撤离的被困人员，进入现场应急处置人员可根据实际情况携带一定数量的防护装备，给其提供防护。

（4）严格实行进出警戒区域内或事故现场人员登记制度，确保进出人员安全。

2. 安全评估

（1）安全评估人员应制定周密详细的侦检方案，检测危险化学品腐蚀现场是否存在漏电、氧气含量是否正常，严密监测危险化学品泄漏、堵漏、泄漏物处置、腐蚀危害程度及其变化。

（2）动态监测氧气、气象、水文、地质等变化，及时了解其对危险化学品腐蚀处置的影响。

（3）力所能及地参与危险化学品腐蚀应急处置，如交通管制。

（4）在警戒隔离区域外的上风方向设置或搭建简易洗消点，对疏散人员、救援人员以及车辆、设备等进行洗消。

（5）及时关注自然灾害是否持续发生以及救援现场危害处置人员的其他事件，如毁损建筑的持续倒塌、洪水漫延。

（6）综合分析并评估事故场地危险化学品安全状况，动态提出安全处理措施和建议。

3. 控险消危

（1）在得知事故发生信息后，应及时了解相关情况，制定应急处置方案并采取应急措施。

（2）应急处置人员未在事故现场的，如赶赴事故现场存在自然灾害造成的阻碍道路障碍物，在能力范围内及时清除障碍物，尽快到达事故现场；如无法清除阻碍道路物质，提请相关部门专业处理，携带轻型设备赶赴事故现场。

（3）如果灾害救援队及安全评估队在事故现场，应及时中止灾害救援，将救援人员和其他无关人员、车辆等撤离到初步设立的安全区并进行洗消处理。

（4）清理自然灾害造成的危险化学品事故现场的雪水、土石、泥石流、树木、倒塌物以及毁损物如房屋、电线杆等，以便进入事故现场进行应急处置。

（5）如果泄漏、爆炸等造成的腐蚀危害范围小且易控制，安全评估人员应及时关闭阀门或堵漏并进行相应处置；如果超过其能力，应及时提请专业人员处置。

（6）腐蚀品火灾极易造成人员伤亡，灭火时在采取防护措施后，应立即进行寻找和抢救受伤、被困人员的工作；远离禁忌物品，隔离泄漏污染区，在确保安全的前提下，阻断泄漏腐蚀品。

（7）禁止用水直接冲击腐蚀泄漏物，应尽量使用低压水流或雾状水，避免腐蚀品溅出；禁止泄漏物进入排水沟、地下水道、地下室或其他密闭空间；利用专用设备对泄漏物进行回收，在残留物上覆盖沙土然后清理，遇酸类或碱类腐蚀品最好调制相应的中和剂稀释中和。

（8）遇到腐蚀品容器泄漏时，在扑灭火势后应采取堵漏措施。

（9）扑救浓硫酸与其他可燃物品接触发生的火灾，浓硫酸数量较少时，可用大量低压水快速扑救；如浓硫酸量很大，应先用二氧化碳、干粉、卤代烷等灭火，然后再把着火物品与浓硫酸分开。

4. 中止处置

（1）在危险化学品腐蚀应急处置过程中，如漏电检测、氧气检测、泄漏物侦检、泄漏物处置、医疗急救等，出现危及应急处置人员人身安全情况时，如自然灾害发生、危险化学品即将爆炸等，应立即中止应急处置，将处置人员及时撤离到安全区域外并进行洗消处理。

（2）待安全评估后，确认无危及应急处置人员人身安全情况时，经有关领导或救援指挥部批准，方可继续开展危险化学品腐蚀处置。

5. 医疗急救

（1）将患者转移到空气新鲜处，保持患者温暖和安静；脱掉并隔开被污染的衣服和鞋；如出现呼吸困难应进行吸氧；误服可用大量水漱口或用氧化镁悬浊液洗胃；如患者停止呼吸，应立即实施人工呼吸，戴呼吸面罩或其他医用呼吸器进行。

（2）皮肤如沾染酸性腐蚀性危险化学品，应立即用自来水冲洗或用小苏打、肥皂水冲洗，溅入眼睛用温水冲洗或用5%小苏打溶液冲洗；皮肤或眼睛如接触碱性腐蚀性危险化学品应立即用自来水冲洗或用硼酸水冲洗不少于 15 分钟，也可以用稀乙酸冲洗后涂抹氧化锌软膏。

（3）简单处理或患者病情稳定、减轻后，应立即送医院就医。

6. 洗消清理

事故现场应急处置后，对危险化学品腐蚀现场以及处置人员、设备进行洗消处理，清理残留物，清点人员，归整处置设备设施。

7. 救援行动展开

对危险化学品腐蚀现场以及处置人员和设备进行消洗处理后，经过危险化学品安全评估人员综合分析评估事故现场、处置人员和设备等处于“安全”状态，撤除警戒、安全撤离、做好移交等，自然灾害救援人员开展后续救援行动。

7.3.4 中毒

中毒是指有毒危险化学品通过一定的途径进入机体后，与生物体相互作用，直接导致或者通过生物物理或生物化学反应，引起生物体功能或结构发生改变，导致暂时性或持久性损害，甚至危及生物体生命。

1. 询情

安全评估人员在到达现场前，应了解自然灾害救援现场危害情况、是否存在危险化学品及中毒事故、何种危险化学品及数量、存放容器及环境等信息。

安全评估人员在到达现场后，应立即询问中毒人员、被困人员情况以及毒物名称、泄漏量等，确认中毒和被困人员的位置以及泄漏、爆炸扩散大致范围及其周围有无火源等。

2. 到达现场

自然灾害经常破坏基础设施，造成交通、通信等中断、阻塞，如滑坡、泥石流、洪水、雪崩、桥梁断塌等阻断交通；处置人员在赶赴现场过程中，如遇道路阻断，在能力范围内及时清除道路障碍物；如无法清除阻碍道路物质，应提请专业人员处理。

根据了解的危险化学品中毒事故情况，及时制定初步应急处置方案。

3. 个人防护

（1）进入事故现场的应急处置人员如安全评估人员必须根据危险化学品的毒物特性，选择佩戴个体防护用品。进入一氧化碳、硫化氢、二氧化碳、氮气等中毒事故现场，必须佩戴防毒面具、正压式呼吸器并穿消防防护服；进入液氨中毒事故现场，必须佩戴正压式呼吸器、穿气密性防护服，做好防冻伤的防护。

（2）为了防止自然灾害造成如滑坡、滚石、雪水以及建（构）筑物、树木等倒塌带来的伤害，应急处置人员应穿戴、佩戴合适的防碰撞防护用具，如头盔、护膝、护腕等。

（3）如事故现场存在无法及时撤离的人员，现场应急处置人员进入现场时可根据实际情况携带一定数量的防护设备为其防护。

（4）为了保障所有进入事故现场的应急处置人员安全，须有专人负责检查登记进出现场人员姓名、时间等信息。

4. 漏电检测

在进入危险化学品中毒现场前，应检测现场是否存在漏电，如无漏电方可进入现场进行应急处置；如存在漏电现象，在安全评估人员能力范围内应及时处置，超出安全评估人员能力范围应及时提请专业部门、人员处置。

5. 氧气检测

在进入自然灾害引起的危险化学品中毒现场前，应检测处置现场氧气浓度是否正常；如正常方可进入进行应急处置，若不正常应采取相应措施处置后达正常方可进入进行应急处置。

6. 清除障碍物

清除自然灾害造成危险化学品中毒现场雪水、土石、树木、倒塌物及毁损物如建筑、电线杆等，进入事故现场对危险化学品进行侦检及应急处置，如关闭阀门、堵漏等。

7. 安全评估

（1）严密动态监测危险化学品泄漏、堵漏、泄漏物处置、爆炸、火灾等情况，掌握事故现场及其周围危险化学品浓度变化及分布范围。

（2）及时监测氧气、气象、水文、地质、地震等因素，了解其对危险化学品危害以及中毒人员、处置人员的影响。

（3）了解危险化学品中毒处置进度、中毒人员是否得到及时有效的救治。

（4）处置人员与设备是否充足，特别是防护用品配备情况，防止因防护用品配备不足给处置人员带来的中毒伤害。

（5）时刻关注自然灾害是否持续发生、发展趋势以及危及处置人员安全的其他事件，了解其对危险化学品危害、处置的影响。

（6）在警戒隔离区域外的上风方向设置或搭建简易洗消点，对疏散人员、救援人员以及车辆、设备等进行紧急洗消处置。

（7）及时分析并评估救援场地危险化学品安全状况，为应急处置动态提出安全处理措施和建议。

8. 警戒隔离

（1）依据了解的泄漏、爆炸危险化学品种类、物理化学性质以及中毒现场气象信息、中毒危害程度及范围、危险化学品侦检结果等，确定警戒隔离区域，设置警戒标志。

（2）如危险化学品中毒现场及其附近存在自然灾害救援，应及时中止救援，立即疏散救援人员到警戒隔离区以外的安全区域并对其进行洗消处理。

（3）疏散警戒隔离区域内与事故应急处置无关的人员至安全区域，切断火源，严格限制无关人员、车辆出入。

9. 疏散人员

自然灾害救援现场发生因危险化学品泄漏、爆炸等造成外溢、外漏引起的中毒时，如存在灾害救援行动，应立即中止灾害救援行动，救援人员撤离到安全区域；位于中毒区或中毒区附近的人员，应立即向上风向且远离危险化学品中毒威胁的方向疏散撤离；撤离救援人员、疏散人员以及设备、车辆等应在搭建的紧急洗消点进行洗消。具体人员疏散措施参见“7. 3. 1 泄漏”“8. 疏散人员”部分。

10. 进攻路线

在危险化学品中毒事故处置过程中，应特别关注气象变化特别是风向；处置人员在上风、侧风方向选择处置进攻路线，防止不必要的中毒发生。

11. 控险消危

如果泄漏、爆炸、火灾等造成的中毒范围小且易控制，安全评估人员应及时关闭阀门，进行堵漏、灭火、救助等处置；如果超出其能力，应及时提请专业人员处置。

（1）禁火抑爆：迅速清除警戒区内所有火源、电源、热源和与泄漏物化学性质相抵触的物品，加强通风，防止引起燃烧爆炸。

（2）稀释驱散：在泄漏储罐、容器或管道的四周设置喷雾水枪，用大量的喷雾水、开花水流进行稀释，抑制泄漏物漂流方向和飘散高度。室内事故现场应加强自然通风和机械排风。

（3）中和吸收：高浓度液氨泄漏区，喷含盐酸的雾状水中和、稀释、溶解，构筑围堤或挖坑收容产生的大量废水。

（4）关阀断源：安排熟悉事故现场的操作人员关闭泄漏点上下游阀门和进料阀门，切断泄漏途径，在处理过程中应使用雾状水和开花水配合完成。

（5）器具堵漏：使用堵漏工具和材料对泄漏点进行堵漏处理。

（6）倒灌转移：液氨储罐发生泄漏中毒，在无法堵漏的情况下，可将泄漏储罐内的液氨倒入备用储罐或液氨槽车。

（7）稀释与覆盖：对于一氧化碳、氢气、硫化氢等气体泄漏，为降低大气中气体浓度，向气云喷射雾状水稀释和驱散气云，同时可采用移动风机加速气体向高空扩散。对液氨泄漏，为减少向大气中的蒸发，可喷射雾状水稀释和溶解或用含盐酸水喷射中和，抑制其蒸发。

（8）收容（集）：对于大量泄漏，可选择用泵将泄漏出的物料抽到容器或槽车内；

当泄漏量小时，可用吸附材料、中和材料等吸收中和。

（9）围堤堵截：筑堤堵截泄漏液体或者引流至安全地点，储罐区发生液体泄漏时，要及时关闭雨水阀，防止物料沿明沟外流。

（10）废弃处置：将收集的泄漏物运至废弃物处理场所处置，用消防水冲洗剩下的少量物料，冲洗水排入污水系统处理。

12. 中止处置

（1）若在危险化学品中毒应急处置过程中，出现危及应急处置人员人身安全的事件时，应立即中止应急处置，应急处置人员及时撤离到警戒隔离安全区域外并进行洗消处置。

（2）待安全评估后，危险化学品危害现场不存在危及应急处置人员人身安全的情况时，经过相关领导或应急处置指挥部批准后方可继续开展应急处置。

13. 医疗急救

（1）迅速将中毒者撤离现场，转移到上风或侧上风方向空气无污染地区；有条件时应立即进行呼吸道及全身防护，防止继续中毒。

（2）立即脱去中毒者服装，皮肤中毒者，用流动清水或肥皂水彻底冲洗；眼睛中毒者，用大量流动清水彻底冲洗。

（3）对呼吸、心跳停止者，应立即进行人工呼吸和心脏按压，采取心肺复苏措施，并给予吸氧。

（4）严重中毒者立即送往医院治疗。

14. 洗消清理

洗消点应设立在危险区与安全区交界处；选择合适的消洗方式对场地、处置人员和设备等进行洗消并清理；洗消污水排放必须经过环保部门的检测，以防造成次生灾害。

15. 救援行动展开

在消洗清理工作结束后，危险化学品安全评估人员综合分析评估灾害救援现场环境处于“安全”状态，经有关领导或指挥部同意，灾害救援人员进行自然灾害后续救援行动。

7.3.5 核辐射

核辐射是原子核从一种结构或一种能量状态转变为另一种结构或另一种能量状态过程中所释放出来的微观粒子流，核辐射会对周围环境产生污染、对人身体造成伤害。核辐射具有危害大、处置专业性强和难度大等特点，应由专业部门、专业人员处置。

1. 到达现场

如果自然灾害救援队和安全评估队在事故现场，应及时中止灾害救援，将救援人员和其他无关人员撤离到初步设立的安全警戒区并进行洗消处理。

应急处置人员在赶往事故现场过程中，如自然灾害破坏基础设施造成交通、通信等中断，在能力范围内及时清除阻碍道路物质，尽快到达事故现场；如无法清除阻碍道路物质，提请相关部门处理，携带轻型应急设备赶赴事故现场。

2. 询问情况

（1）事故发生的时间、地点、类型和性质。

（2）放射性核素的组成、活度。

（3）事故现场灾害救援情况。

（4）事先处置情况和监测结果。

（5）事故现场周围的居民分布和人员可能受到的辐射伤害情况。

3. 个人防护

（1）在进入疑似核辐射现场前，应穿戴好相应的防护装备，保护全身，然后进行现场侦检和核辐射应急处置。

（2）依据自然灾害发生类型及核辐射现场特点，选用穿戴、佩戴合适的防护用具，防止核辐射、自然灾害及其次生灾害给应急处置人员带来的伤害。

（3）若事故现场存在无法及时撤离的被困人员，现场处置人员可根据实际情况携带一定数量的防护装备为其提供防护，防止其遭受核辐射伤害。

（4）进出事故现场或警戒区域内，实行严格人员进出登记制度并了解其行踪，防止危险发生。

4. 清除阻碍物

在进入自然灾害造成的核辐射现场前，清除核辐射现场由自然灾害造成的雪水、土石、树木、倒塌物以及毁损物如建筑、电线杆等，以便应急处置人员进入现场进行应急处置。

5. 漏电检测

自然灾害引起的核辐射事故时常伴随漏电现象存在，在进入事故现场前，应进行漏电检测，保障进入核辐射危害现场处置人员免受漏电造成的伤害。

6. 氧气检测

检测自然灾害引起的核辐射事故现场是否存在氧气浓度异常现象，确保进入事故现场进行应急处置时氧气含量正常。

7. 安全评估

（1）在核辐射现场和受影响地区开展人员辐射剂量及伤害情况监测。

（2）利用辐射监测器材侦察放射性污染的范围、剂量分布和核素组成。

（3）实时动态开展氧气、气象、水文、地质、地震等观（监）测预测，关注自然灾害是否持续发生及其发展趋势、其他危及处置人员安全事件及其对核辐射危害和处置工作的影响。

（4）在警戒区域外的上风方向设置或搭建简易洗消点，设置警示标志，对疏散人员、救援人员以及车辆、设备等进行洗消，禁止安全区域人员靠近。

（5）开展核辐射源分析和处置情况诊断，研判事故发展趋势，评价辐射后果，判定受影响区域范围，提出应急处置对策与措施。

8. 确定核辐射等级

根据询问情况、侦检结果等进行安全评估，确定核辐射性质、严重程度及辐射后果影响范围，确定核事故的级别。

9. 警戒

（1）根据询问情况、侦检情况及核辐射等级设置警戒区域。

（2）合理设置出入口，严格控制人员、车辆和其他物资的进出。

（3）如果灾害救援队进行救援行动，应及时中止灾害救援，将救援人员和其他无关人员、车辆等撤离到初步设立的安全警戒区外并进行洗消。

10. 及时汇报

核辐射等级确定后，应立即向评估小组负责人报告并逐级上报，提请专业核辐射处置人员进行处置。

11. 控险消危

危险化学品安全评估人员协助专业力量利用专业设备和物资等开展处置工作，缓解并控制事故，努力使核设施恢复到安全状态，防止、减少、消除放射性物质进一步释放。

（1）对丢失放射源事故，及时侦察放射源下落，寻找可能受辐射损伤的人员。

（2）灾害救援现场核事故处置由专业人员处置，如冷却核装置、堵漏核装置、收集散落核物质等，危险化学品安全评估人员协助其工作。

（3）发生火灾时，应及时灭火，防止发生爆炸和放射性物质泄漏与扩散。

（4）发生放射性物质泄漏和丢失放射源事故时，首先要防止放射性污染进一步扩散和尽一切可能尽快找回放射源。

（5）发生铀火或钚火时，不能用一般方法灭火，否则只会使火势更旺，用氯化钠、氯化钾和氯化钡配制的三元低熔氯盐粉末扑灭铀火或钚火的效果较好；发生其他火灾时，尽量不要用水灭火，以防放射性物质向外扩散。

12. 中止处置

在核辐射危害应急处置过程中，出现危及应急处置人员人身安全的情况时，如自然灾害发生、核辐射危害增大等，应立即中止应急处置，将应急处置人员及时撤离到安全区域并进行洗消处理；待安全评估后，确认无危及应急处置人员人身安全的情况时，方可继续开展应急处置。

13. 医疗急救

协助专业医疗队，对可能受辐射人员进行救护；核事故现场伤员的抢救，遵循分级救治并坚持先重后轻和快抢、快救、快送的原则，尽快将伤员撤离核事故现场；根据其损伤程度和各期不同的特点及实际条件，积极采用中西医结合综合救治措施，使之得到及时、有效、合理的救治。

14. 救助

（1）指导公众和应急救援人员采取必要的防护措施。为决策部门提出关于防护措施的干预剂量水平的建议；组织和指导服用稳定性碘剂，进行呼吸道和体表防护；对可能或已受污染的食物和饮用水进行控制；消除体表的放射性沾染。

（2）适时组织受辐射影响地区人员采取隐蔽、撤离、临时避迁或永久迁出等应急防护措施，避免或减少辐射损伤。

（3）对非放射损伤（如烧伤、创伤等）和疾病，按常规医学救治体系、程序和方法进行救治。

（4）对急性损伤人员，交由专业医院进行救治。

（5）及时开展心理援助，抚慰社会公众情绪，减轻社会恐慌。

15. 洗消清理

（1）人员、服饰洗消：当人员、服饰遭受放射性污染时，应尽快利用各种就便器材对皮肤和服饰进行局部或全身洗消，比如用毛巾、棉花、布等蘸水湿擦，有条件时，可用洗涤剂进行淋浴。

（2）设备洗消：根据设备不同、污染严重程度和现场条件，对设备的去污可采用拍打、抖拂、刷擦、洗涤和高压水清洗等方法。

（3）建筑物和道路洗消：建筑物和道路的去污方法通常有干法去污（如清扫、吹脱、真空吸脱和除去污染表层等）、湿法去污（如冲洗、刷洗、擦拭等）和剥去涂层去污。

对事故处理过程中产生的废弃物进行辐射监测和妥善处理，清点人员、车辆及器材。

16. 救援行动展开

对核辐射处置人员、设备及救援现场进行消洗，并清理救援现场、设备后，危险化学品安全评估人员在专业核辐射部门、专业人员的指导下，综合分析评估灾害救援现场环境处于“安全”状态，撤除警戒、做好移交、安全撤离，灾害救援人员开展后续救援行动。

17. 核辐射应急注意事项

（1）发生核辐射事故时，一定要及时通报有关部门。

（2）核辐射处置时应在专业辐射防护人员指导下进行防护，应由专业部门、专业人员处置。

（3）应急处置人员应携带专业辐射剂量监测报警器材。

（4）做好个人防护，严格控制应急处置人员受照剂量。

7.4 危害形式处置对策与措施

自然灾害使危险化学品储运设备设施的温度、压力、湿度等发生变化以及遭受外力作用，致使其安全状态发生变化，产生事故；其危害形式分为暴露和非暴露两种。危险化学品危害暴露形式分为泄漏和爆炸两种；危险化学品危害非暴露形式分为变形、倾倒、漂移、附件变动、浸泡。

危险化学品危害暴露形式应急处置对策与措施在“7.3 危害方式处置对策与措施”“7.3.1 泄漏、7.3.2 爆炸”部分已经介绍，在此介绍危险化学品非暴露危害形式处置对策与措施。

7.4.1 询情

（1）了解询问事故现场是否存在漏电、氧气含量是否正常，危险化学品类型、数量以及储存设备与运输设备材料、形状、大小、有效期和非暴露情况等。

（2）现场是否存在火源、火情，现场水、电、气、通信、消防设施及其布设分布和工艺措施，现场周围及其邻近地区的气象、建筑毁损、救援等情况，自然灾害是否持续发生及其发展趋势，现场附近单位、居民、交通、地形地貌等。

7.4.2 到达现场

自然灾害的发生经常造成交通、通信等中断，如未在事故现场的应急处置人员，在赶赴危险化学品事故现场途中遇障碍物阻碍道路，在能力范围内及时清除障碍物；如无法清除障碍物，提请相关部门及时处理，携带轻型应急设备赶赴事故现场。

7.4.3 个人防护

（1）依据了解的危险化学品物理化学性质及危害程度，选择合适的个人防护用品，并在穿戴好防护用品后方可进入事故现场进行侦检以及开展其他相关应急处置工作。

（2）根据自然灾害类型和事故现场特点，应穿戴、佩戴合适的防护用具，防止自然灾害及次生灾害对应急处置人员造成伤害，如滑坡、滚石、洪水、雪崩以及建（构）筑物、树木、电线杆等倒塌。

（3）专人登记进出事故现场或警戒区域内人员姓名、时间，防止危险发生。

7.4.4 安全评估

（1）安全评估人员在到达现场后，根据掌握的信息，提出危险化学品事故初步应急处置措施。

（2）及时了解周围环境及气象信息，检测事故现场是否漏电、氧气含量，制定安全评估方案。

（3）侦检非暴露危害是否存在危险化学品泄漏或爆炸，确认其安全状态。

（4）动态严密监测气象变化和侦检危险化学品现场浓度及其分布变化。

（5）时刻关注自然灾害是否持续发生和发展趋势，以及危及处置人员安全的其他不安全事件，了解其对危险化学品事故处置的影响。

（6）在警戒隔离区域外的上风方向设置或搭建简易洗消点，对疏散人员、救援人员及车辆、设备等进行洗消。

（7）综合分析并评估救援场地危险化学品安全状况，提出安全处理方案与措施。

7.4.5 控险消危

（1）清除自然灾害造成的危险化学品事故现场的雪水、崩塌物、倒塌物、毁损物，如建筑、树木、土石等，进入事故现场对危险化学品进行侦检和控险消危。

（2）侦检非暴露危害是否存在危险化学品泄漏或爆炸，确认其处于安全状态。

（3）查看危险化学品储存设备与运输设备非暴露危害情况，提请专业人员确认是否影响安全；协助专业人员检查储存设备其他部件是否毁损、是否安全和可靠。

（4）若出现非暴露危害情况，需要修复维护储存设备、运输设备，提请专业人员处置。

（5）如非暴露危害影响危险化学品安全，应立即中止救援行动，建立隔离区、危险区、安全区等并放置安全警戒标志，疏散救援人员、周围人员及车辆到安全区并进行洗消。

（6）开展去污物、抽水、洗消等工作，提请协助专业人员处置如扶正、倒罐、运移、附件维修等。

（7）倒罐前确认关闭阀门，并做好应急预案，注意倒罐连接处密闭性，防止泄漏。

（8）扶正、运移等处置应该平稳、缓慢，防止储存设备受到二次伤害以及泄漏或爆炸等。

（9）若应急处置过程中发生泄漏、爆炸等，应按“7.3 危害方式处置对策与措施”“7.3.1 泄漏、7.3.2 爆炸”等进行处置。

（10）实时监测处置过程中危险化学品是否安全、是否存在泄漏及爆炸等趋势，以及气象变化。

（11）处置过程中产生的废弃物，应使用专业设备收集并运至废弃物处理场所处置。

（12）现场动态监测危险化学品安全状态，直至应急处置结束。

7.4.6 中止处置

如在危险化学品非暴露危害应急处置过程中，出现诸如自然灾害发生、危险化学品即将发生爆炸等危及应急处置人员人身安全的情况时，应立即中止应急处置，并将处置人员及时撤离到警戒隔离安全区域外并对其进行洗消处理。

待安全评估后，危险化学品危害现场不存在危及应急处置人员人身安全的情况时，方可继续开展应急处置。

7.4.7 医疗急救

（1）应根据危险化学品物理化学性质及伤害情况，选用适当的处理方式如清洗、包扎、吸氧、人工呼吸等，之后就医。

（2）根据轻重缓急的原则进行救治，首先救护重的、急的伤害者，之后就医。

（3）及时联系当地120或急救中心，将需要转运的伤者转运到医疗机构救治。

7.4.8 洗消清理

危险化学品安全隐患处理完毕，对处置现场及处置人员和设备设施进行消洗处理，清理归整处置设备设施，清点处置人员。

7.4.9 救援行动展开

危险化学品安全评估人员综合分析评估危险化学品事故现场处于“安全”状态，提请领导或指挥部批示后，救援人员可以进行后续救援行动。

7.5 事故场地处置对策与措施

自然灾害引发的危险化学品事故场地大致分为两类：陆地和水域。陆地危险化学品事故场地通常意义上是指地球表面未被水淹没的部分，由大陆、岛屿、半岛和地峡等部分组成。水域危险化学品事故场地指水体所占有的区域，如江河、湖泊、海洋、水库等。水域场地与陆地场地不同，其危险化学品事故处置对策与措施有其特殊性，“7.3危害方式处置对策与措施”“7.4危害形式处置对策与措施”主要适用于陆地危险化学品事故应急处置，本节重点介绍水域危险化学品事故应急处置对策与措施。

7.5.1 到达现场

（1）自然灾害的发生经常造成道路交通中断、阻塞，安全评估人员以及其他应急处置人员不在事故现场时，如遇障碍物阻碍道路通行，在能力范围内及时清除阻碍道路物质；否则提请专业部门、人员处置，携带轻型应急设备赶赴事故现场或离事故现场最近的登船地点。

（2）如果在远离陆地的水域，到达离事故最近的可以登船陆地后，尽快登船前往事故发生水域或事故船舶、钻井平台等。

（3）如果在岸边的水域，及时到达事故现场，开展或协助开展应急处置工作，如危险化学品侦检。

7.5.2 询情

安全评估人员知晓事故后，在做好个人防护的情况下尽快达到现场后，详细了解下列情况：

（1）危险化学品类型及数量，危险化学品储存设备与运输设备材料、形状、大小、有效期，事故水域周围环境等。

（2）事故类型及其危害程度，包括泄漏、污染范围与程度、火灾等。

（3）被困、受伤人员情况，包括人员数量、身体状况、所处位置等。

（4）事故现场是否存在漏电、氧气含量是否正常以及其他可能危及应急处置人员的不安全因素。

（5）是否存在火情，现场附近船舶过往情况，离事故点最近建筑物、人员居住情况，现场周围及其邻近地区应急处置力量及分布情况。

7.5.3　个人防护

（1）依据了解的危险化学品物理化学性质及其危险程度，选择合适的个人防护用品并穿戴好防护用品，方可进入事故现场进行侦检以及开展其他相关应急处置工作。

（2）为适应水域应急处置特殊环境的需要，应准备并穿戴防止危险化学品危害的救生衣。

（3）若事故现场（如船、钻井平台等）存在无法及时撤离的被困人员，现场处置人员可根据实际情况携带一定数量的防护装备为其提供防护。

（4）准备救生船或艇，在处置失败并威胁处置人员时，供弃船逃生之用。

（5）进出事故现场或警戒区域，专人登记进出人员姓名、时间，了解其行踪，防止意外发生。

7.5.4　漏电检测

对自然灾害引发的水域危险化学品事故，若存在漏电现象，应急处置人员在进入事故现场前，应进行漏电检测并安全处置，以防发生触电事故。

7.5.5　氧气检测

在进入自然灾害引发的水域危险化学品事故现场前，应进行氧气检测；如存在氧气含量异常，在安全评估人员能力范围内及时处置，超出其能力范围提请专业部门、人员处置，保护好现场并防止无关人员靠近或发生意外伤害。

7.5.6　安全评估

（1）安全评估人员到达事故现场后，在危害范围小、可以登船的情况下，首先登船对事故船进行现场侦检危险化学品浓度、分布变化；在危害范围大、无法登船的情况下，利用监测船、艇等交通工具，对事故现场周围空气、水质污染情况等进行侦检。

（2）在事故灾害处置过程中，安全评估人员应对事故场地危险化学品浓度、储存设备温度、氧气、气象、水文等信息进行不间断的动态监测，及时了解、掌握其动态变化趋势。

（3）协助环保部门、水利部门等专业部门做好事故现场危险化学品危险监测。

（4）随时关注自然灾害是否持续发生与发展趋势以及危及处置人员安全的其他事件，了解其对危险化学品危害、处置的影响。

（5）在轻危区与安全区交界处的上风方向搭建洗消点，分别设置人员和车辆器材洗消点。

（6）根据侦检结果以及所获得的其他方面相关信息，及时提出应急处置措施与建议。

7.5.7 制定应急处置方案

根据询情以及侦检了解的危险化学品事故情况，制定应急处置方案。

（1）确定交通管制区、管制水域和敏感保护区以及保护水域。

（2）确定危险化学品危害侦检以及其他不安全因素检测方案，如漏电、氧气含量、气象等检测。

（3）确定火灾、泄漏、爆炸控制方案，讨论确定切断点火源、泄漏源、爆炸源的方式及围油栏布设方案。

（4）确定泄漏物清除方案。

（5）确定泄漏物监测方案。

（6）讨论确定现场处置特别注意事项。

7.5.8 建立警戒区域

事故发生后，应根据危险化学品泄漏、爆炸的扩散情况或火焰辐射热所涉及的范围建立警戒区，并在通往事故现场的主要航道及道路上实行交通管制。

（1）如进行自然灾害救援，应立即中止救援，救援人员及时撤离到安全区并对其进行洗消处理。

（2）如事故警戒区域内有无关人员及车辆、船舶等，应及时撤离到警戒区域外的安全区域并进行洗消处置。

（3）警戒水域的边界应有船艇驻守，陆域应设警示标志并有专人警戒。

（4）除应急处置人员以及必须坚守岗位人员外，其他人员禁止进入警戒区。

（5）泄漏溢出的化学品为易燃品时，区域内应严禁火种。

7.5.9 控险消危

1. 泄漏控制

（1）了解泄漏点的危险程度、泄漏孔尺寸、泄漏点处实际的或潜在的压力、泄漏物质特性等，制定可靠有效的泄漏控制措施，防止泄漏控制失败。

（2）如果在安全评估人员能力范围内，应及时堵塞和修补裂口，防止进一步泄漏；若超出其能力范围，应提请专业危险化学品处置人员堵塞和修补裂口，以防进一步泄漏或爆炸。

（3）如果发生水下运输管、储存设备等泄漏、火灾爆炸危害大等情况，由专业危险化学品处置人员及时快速堵塞和修补裂口。

（4）严密监测泄漏控制情况以及气象、水流等变化，防止危险化学品泄漏扩散，殃及周围救援场地以及其他水域、船只。

2. 泄漏物处置

根据危险化学品性质采取相应的处理措施。

1）气体或蒸发性物质

（1）大量泄漏：①划出危险区、警戒区和安全区，并采取相应的限制措施；②对漂浮在水面的危险化学品应及时使用围油栏对污染物进行围控，并利用回收船、吸油毡等进行回收；③对空气和水中的污染物进行监测，直到宣布安全，解除警戒。

（2）少量泄漏：①将溢出物或泄漏容器覆盖；②用消防泡沫或水雾覆盖、稀释、隔离；③采用强力通风将泄漏的气体或蒸气驱散；④可对易燃气体或蒸气进行或维持有控制的燃烧。

2）油类物质

因其密度小于水，可采用围油栏围截，用收油机或吸油棉收集。

3）溶解类物质

此类物质泄漏入水后极难围控回收，如果泄漏量大，应当尽快发出警告，并限制污染水域的交通，限制使用污染水域的水资源，通过船舶螺旋桨搅动或者水流喷洒等方式促进泄漏物的稀释和扩散，并持续监测水体；发生在封闭水域的泄漏，可以考虑使用处理剂清除污染。

4）沉底类物质

此类物质会在沉底之前被水流携带扩散，其中部分会溶解于水。沉底后，自然分散缓慢，会对环境造成持续损害，需对水体进行监测，适当时可用泵吸、疏浚设备等清除污染物。

5）包装类危险化学品

包装类危险化学品主要分为漂浮类包装货物、沉没类包装货物、无法打捞回收的包装货物。

（1）漂浮类包装货物：对于桶装、袋装货物可以用绳网打捞；对于集装箱或者罐柜用打捞船起吊，或者拖带到港口码头等安全地带打捞。

（2）沉没类包装货物：首先通过拖网、声呐、回声探测等方式搜索定位，随后利用水下摄影系统、潜水员或水下机器人等进行水下检查，再由专业打捞公司进行起浮打捞。

（3）无法打捞回收的包装货物：可以采取摧毁、就地掩埋或控制释放（用于释放沉船中装载的浓硫酸）等措施进行处理。

3. 火灾爆炸处置

（1）对于火灾应先控制、后消灭；如果火势较大应在扑救船舶上扑救，以便诸如爆炸等危险发生，可以快速撤离；扑救船舶及人员应当占领上风或侧风阵地。

（2）正确选择最适合的灭火剂和灭火方法；火势较大时，应当先堵截火势蔓延，控制燃烧范围，然后逐步扑灭火势。

（3）扑救气体火灾应扑灭外围被火源引燃的可燃物火势，切断火势蔓延途径；切忌盲目灭火，在灭火后应采取相应措施防止复燃；如未在切断气体泄漏的情况下盲目灭火，大量可燃气体泄漏出来与空气混合，遇明火就会发生爆炸。

（4）扑救液体火灾首先应切断火势蔓延途径，冷却和疏散受火势威胁的密闭容器和可燃物，控制燃烧范围；如有液体流淌时，应筑堤（或用围油栏）拦截漂散流淌的易燃液体或挖沟导流，并用回收船、吸油毡等对污染水域进行回收。

（5）扑救原油和重油等具有沸溢和喷溅危险的液体火灾，必须计算可能发生沸溢、喷溅的时间和观察是否有沸溢、喷溅征兆。一旦发现危险征兆时应当立即撤退，避免造成人员伤亡和装备损失。

（6）扑救毒害性、腐蚀性或燃烧产物毒害性较强的易燃液体火灾，扑救人员必须佩戴防护面具，采取防护措施。

（7）对有可能发生爆炸、爆裂、喷溅等特别危险需紧急撤退的情况，应当按照统一规定的撤退信号和撤退方法及时撤退到安全水域或地方。

7.5.10 中止处置

（1）在水域危险化学品危害应急处置过程中，出现诸如自然灾害发生、危险化学品即将发生爆炸等危及应急处置人员人身安全的情况时，应立即中止应急处置，将应急处置人员及时撤离到安全区域并开展洗消处置。

（2）待安全评估后，满足开展应急处置条件并报相关领导或应急指挥部批准后，方可继续开展应急处置。

7.5.11 医疗急救

（1）做好自身及伤病员的个体防护。

（2）选择有利地形设置急救点，以便及时对受害人员实施抢救。

（3）抢救受害人员是应急救援的首要任务，应遵循先重后轻的原则。

（4）在事故现场，危险化学品对人体可能造成的伤害有中毒、窒息、冻伤、化学灼伤、烧伤等，应分门别类进行救治。

（5）在应急救援行动中，及时、有序、有效地实施现场急救与安全转送伤员。

7.5.12 洗消清理

（1）根据不同危险化学品性质选用合适的洗消剂、洗消方式对可能污染的物件、人员进行洗消，如进出事故现场的人员、应急处置设备等，消除危害后果。

（2）对沿江的环境敏感区、养殖区、滩涂、取水口等应重点防护、清理，防止对人的持续危害和对环境、河流的污染。

（3）清理残留物，清点人员、处置设备设施（如车辆、器材等）。

7.5.13 救援行动展开

危险化学品事故危害处置完毕并对事故现场以及处置人员和设备进行消洗处理，经危险化学品安全评估人员综合分析评估其处于"安全"状态；经有关领导或指挥部同意，撤除警戒、做好移交、安全撤离，灾害救援人员进行自然灾害后续救援行动。

7.6 处置对策与措施形式

根据自然灾害救援现场危险化学品危害性轻重、缓急，其处置对策与措施的提出可以分为口头、书面等形式。

7.6.1 口头形式

口头形式实际上是一种非正式形式，主要是在危害比较轻或缓，或在情况十分紧急的情况下先口头报告的形式，其主要方式有当面、电话、短信、邮件、微信等，主要内容包括：基本信息（如危害区域名称、地段、危险源名称及程度、范围等）、处置对策与措施（分不同危险区段的不同处置对策与措施及其依据）、报告人及报告时间等。

7.6.2 书面形式

书面形式是一种正式形式，主要是在危害比较紧急的情况下在采取口头报告后再正式报告的形式，比口头报告详细，除口头报告内容外，主要增加处置对策与措施依据、报告审批人、危险区域示意图等（表7-2）。

表7-2 自然灾害救援现场危险化学品处置对策与措施表

____________自然灾害救援现场危险化学品处置对策与措施表

________年________月________日

危害区域				危险源情况		
名称	纬度	经度	地段	名称	程度	范围

表 7-2（续）

安全处置对策与措施			危险区域示意图
序号	对策与措施	依据	
危险区段 1			
危险区段 2			
危险区段 3			

报告人：＿＿＿＿＿＿＿＿　校核人：＿＿＿＿＿＿＿＿　审批人：＿＿＿＿＿＿＿＿

7.7 危险化学品事故处置案例①

7.7.1 2016 年江苏盐城龙卷风冰雹危险化学品事故概况

1. 灾害情况

2016 年 6 月 23 日 14 时 20 分至 14 时 50 分，江苏盐城阜宁县陈良镇、沟墩镇、阜宁县城部分地区及射阳县海河镇、陈洋镇等地出现 17 级以上的 EF4 级龙卷风，风速达 61~73 m/s。阜宁县城北、陈集一带出现冰雹天气，冰雹直径达 20~50 mm。

此次受灾范围共涉及阜宁、射阳 2 县 9 个镇 29 个村，其中阜宁县硕集、新沟、陈良、板湖、金沙湖、花园、吴滩等 7 个镇共 22 个村，射阳县开发区陈洋办事处和海河镇 2 个镇共 7 个村受灾较重。特别是阜宁县陈良、硕集 2 个镇，水、电、通信全部瘫痪，灾情尤为严重。据统计，此次灾害共造成 99 人遇难、846 人受伤，财产损失折合人民币约 5 亿元。

2. 危险化学品事故及企业情况

阿特斯协鑫阳光电力科技有限公司（简称阿特斯公司）位于阜宁县经济技术开发区，是此次灾害中受灾最严重的企业，厂房整体坍塌、结构严重受损，大量工人被困，并伴有部分危险化学品泄漏。

阿特斯公司主要从事太阳能电池芯片的研发和生产，占地面积 350 亩，建筑面积约 4.6 万 m^2，共有生产车间 2 个、集中供液室 1 个、危险化学品仓库 1 个，均为大跨度钢结构建筑。企业生产主要包括制绒、扩散、刻蚀、背钝化、PECVD（等离子体增强化学气相淀积）、丝网 6 个工艺流程，每个工艺环节涉及多种危险化学品。龙卷风冰雹灾害发生当天，企业厂区生产车间、集中供液室、危险化学品仓库共存有硅烷、三氯氧磷、三甲基铝、氢氟酸、硫酸、硝酸等 16 种危险化学品，共计 130.9 t。

① 蒋永伟．江苏省盐城市“6·23”龙卷风冰雹特别重大灾害抢险救援战例 PPT 演示稿．江苏省盐城市消防支队，2023-07-19.

7.7.2　2016 年江苏盐城龙卷风冰雹危险化学品事故特点

1. 通信中断、交通受阻，前行困难

龙卷风冰雹灾害造成灾区通信基站严重毁损，电力中断，通信瘫痪，特别是进入灾区后，手机无信号无法使用。树木、电线杆、房屋等倒塌，交通受阻，处置队伍行进受到严重影响，大部分路段只能一边清障、一边徒步前行。

2. 厂房坍塌、危险化学品多，次生灾害风险大

阿特斯公司是阜宁县受灾最严重的企业，近 4 万 m^2 的厂房几乎全部坍塌。更为危险的是，厂区内储存有三氯氧磷、三甲基铝、硅烷、氨气等 16 种危险化学品，特别是遇空气燃烧爆炸的硅烷，遇空气、遇湿燃烧爆炸的三甲基铝，遇水燃烧且剧毒强酸的三氯氧磷，事故处置难度大、风险高。

7.7.3　2016 年江苏盐城龙卷风冰雹危险化学品事故处置

1. 反复勘察，确保安全

盐城支队全勤指挥部第一时间赶赴阿特斯公司并建立指挥部，及时了解事故现场危险化学品储存、危害情况以及其他危及处置人员的不安全因素，如是否存在漏电、氧气含量是否正常等。当得知厂区内储存有三甲基铝、三氯氧磷、硅烷及各种强酸强碱等 16 种危险化学品，责令厂方指派技术人员到指挥部值守，并调取厂区平面图、工艺流程图和管线分布图。组织多个化学救援攻坚组会同厂房技术人员，分别从厂区东、南、北三个方向穿越废墟障碍进入车间、仓库，逐一排查并记录危险化学品的存放位置、数量和进入路线，勘察检测储存罐体及管道阀门的受损泄漏情况，并对发生滴漏的十余处阀门强行关阀断料。

24 日上午，前方指挥部紧急调派南京、盐城、连云港支队 4 个化学灾害处置编队、35 辆消防车、210 名指战员，携带防护、侦检、警戒、堵漏、洗消、输转等专业器材到场增援。

随后，指挥部派出攻坚组，再次深入厂房内部，实地核查管道泄漏情况，并对重要部位的控制阀门逐一检查关闭；架设 2 台无人机高空观察，为后期处置转移提供安全保障。

2. 精研方案，分类转移

24 日晚，指挥部决定对阿特斯公司的危险化学品进行紧急输转、处置，随即组织安监、环保和厂方技术人员连夜召开会议，研究制定处置方案，确定了“清障开路、工艺处置、分类转运、全程监护”四步走策略，紧急联系危险化学品供应厂家，落实工艺保护措施，先易后难、先急后缓，分批逐次、重点攻坚，确保处置工作安全可控。

25 日，现场指挥部决定在组织力量开辟救援道路的同时，优先对厂区甲类危险品仓库、集中供液室、氧氮罐区的化学物料进行批量转移。并对参战力量进行部署：盐城

支队从厂区南、北侧入口，强行打通厂区内部 2 条通道，并对危险化学品转移作业进行全程监护，在厂区南、北两头设置气球实时监测现场风向变化；南京支队根据危险源特性，划分安全、轻危、中危、重危等警戒区域，设置高毒、易燃、爆炸、腐蚀、禁水等警示标识和安全出入口登记处；连云港支队利用核生化侦检车、洗消模块车，设立流动侦检站，分别设置人员、车辆、器材 3 个洗消区域和简易洗消点。

10 时 5 分，成功将厂区罐装氩气、氮气、液氧等惰性气体倒罐、转运。

10 时 10 分至 19 时 20 分，陆续将仓库内罐装的氢氟酸、硝酸、盐酸等 35 t 酸碱类化学物料倒罐、转运。成功将仓库内瓶装三氯氧磷、三甲基铝以及生产车间的 37 个三氯氧磷瓶体安全转移。

14 时 10 分，厂区二期酸碱车间在转移过程中，疑似发生氢氧化钾、硝酸泄漏。现场监护力量利用 pH 试纸检测后，确定部分罐体顶部破损并造成较大体量泄漏。随后，立即组织厂方技术人员将未受损的 21 个酸碱储罐安全转移，科学运用“虹吸”原理，分别将发生泄漏的 4 个罐体中的氢氧化钾和硝酸导流至预备罐中并转运。

26 日 7 时至 9 时 20 分，成功将危险化学品仓库内的瓶装液氨、笑气吊装并转运。

3. 突出重点，专业攻坚

26 日 9 时 30 分至 27 日 11 时，针对位于储罐区的硅烷、背钝化工艺区的三甲基铝两种危险性极大的化工物料，指挥部决定采取“工艺先期处置、逐个攻坚突破、全程监护转移”的战术措施，确保整个处置过程科学精细、安全可控。

1）硅烷处置

由于硅烷在空气中极其敏感，遇空气或氧即发生自燃、爆炸反应。指挥部经与专家组以及安监、环保、厂方技术人员研究商讨，提出了“放空引燃、拆解分离、不间断吹送氮气”的战术措施，对硅烷储罐及管道内残留气体进行处置。

26 日 9 时 50 分，现场指挥员和厂方技术人员组成前沿作业小组，利用氮气吹扫系统将硅烷储罐和气站工作间连接管中残存的硅烷气体放空，不间断反复吹扫 60 次。现场设置 1 辆高喷车、1 辆云梯车出 2 门高喷炮，设置 2 支喷雾水枪、1 支高压干粉枪、2 个推车式干粉灭火器，全程监护硅烷的处置。

26 日 10 时 5 分，放空管出气口突然发出闷响，且响声越来越大。现场指挥员经分析认为氮气出口压力过大且不稳定，指挥部随即要求厂方技术人员在氮气瓶口加装减压阀，在放空管上加装单向阀和阻火器，通过控制压力来降低硅烷排气量和排放速度，防止发生回燃，确保绝对安全。

26 日 16 时 5 分，高压管线内的硅烷气体全部放空，现场指挥员组织厂方技术人员将储存 750 kg 硅烷的 6 个硅烷储罐逐个拆解分离，并安全吊装转运。

27 日 7 时 30 分至 11 时，成功将硅烷储罐和厂区车间连接管中残存的硅烷气体放空。

2）三甲基铝处置

由于三甲基铝性质极其活泼，接触空气即燃烧，不能用水、泡沫扑救。26 日 17 时 25 分，前沿指挥部确定了“外接管线、氮气吹扫、引流吸附、控制燃烧”的战术措施，对三甲基铝储气瓶及管道内残气进行处置。应急处置人员利用钢板、水泥、托盘、蛭石制作成长 2.5 m、宽 1.5 m、高 0.4 m 的燃烧反应器，通过储气瓶的液相阀连接一根 10 m 长的排气管线至燃烧反应器内。

26 日 18 时 10 分，现场指挥员指挥应急处置人员先在氮气吹扫系统的瓶口串联加装 2 个减压阀，然后将连接管道中残存的三甲基铝反向吹扫导流至储气瓶内。

同时，通过气瓶的液相阀及外接管线将瓶内的三甲基铝全部引流至反应器燃烧，通过对瓶体进、出料双向控制，实现瓶内压力平衡和排放气体的稳定燃烧。为防止出现突发险情，现场设置 1 辆水泥泵车做好应急处置准备，监护人员全部穿戴全套隔热服，利用铁锹、撬棒不间断地翻炒蛭石、控制燃烧，利用高压干粉枪、干粉灭火器实施近距离监护。

7.7.4 2016 年江苏盐城龙卷风冰雹危险化学品事故分析

2016 年江苏盐城龙卷风冰雹引发阿特斯公司危险化学品事故，是近年来自然灾害引发危险化学品事故的典型案例。该案例具有处置难度大、危害大、影响因素多等特点，处置人员科学评估、精研方案、专业处置，有效避免了危害扩大和蔓延，成功进行了处置。分析该案例，学习案例处置过程中好的做法、好的措施、好的经验，有助于丰富与完善自然灾害救援现场危险化学品事故处置预案，提高自然灾害救援现场危险化学品事故安全处置效率，特别是有助于自然灾害救援现场危险化学品安全评估工作高效精准有序开展。

1. 克服困难，快速响应

龙卷风冰雹灾害造成灾区通信基站严重损毁，通信瘫痪，电力中断，树木、电线杆倒塌，交通受阻。阿特斯公司厂房整体坍塌、结构严重受损，加上处置现场天气持续恶劣，并伴有部分危险化学品泄漏，现场处置工作危险加剧。事故处置队伍携带重型车辆及处置装备，行进受到严重影响。为此，处置队伍一部分清除路障前进，一部分携带轻型处置设备快速徒步前进，以便保障危险化学品事故处置快速及时进行。

灾害发生后，阜宁、射阳县消防大队全体指战员及时出队处置灾害，成为进入灾区的首批专业救援力量。盐城支队全勤指挥部第一时间赶赴阿特斯公司并建立指挥部，与厂方领导、技术人员等沟通，及时提出初步处置措施。江苏消防总队立即启动一级响应机制，得知危险化学品事故后，迅速调集处置危险化学品事故力量和设备赶赴事故现场。

2. 反复勘察，信息精准

盐城龙卷风冰雹造成阿特斯公司危险化学品事故现场房屋破坏严重，获取可靠危险化学品有关信息以及其他不安全因素难度大，必须克服困难，反复了解勘察事故现场，全面掌握不安全因素，包括危险化学品、漏电、氧气含量、气象等，检测漏电、监测气象以及侦检危险化学品浓度及范围变化等。指挥部得知阿特斯公司储存有三甲基铝、三氯氧磷、硅烷及各种强酸强碱等 16 种危险化学品后，组织多个危险化学品勘察、侦检、处置、救援等攻坚组会同厂房技术人员，分别从厂区东、南、北三个方向穿越废墟、障碍物等进入车间、仓库，逐一排查并记录危险化学品名称、存放位置、数量和进入路线，勘察检测储存罐体及管道阀门的受损泄漏情况。

在确认危险化学品事故后，前方指挥部紧急调派灾害地区周边附近化学灾害处置编队，携带防护、侦检、警戒、堵漏、洗消、输转等专业器材到场增援。随后，指挥部根据获取的危险化学品事故现场信息，再次派出攻坚组深入厂房内部，实地核查管道泄漏情况，并对重要部位的控制阀门逐一检查关闭；架设 2 台无人机高空观察，为后期处置转移提供安全保障；侦检事故现场危险化学品浓度及危害范围、监测天气变化等。

上述处置措施的实施，精准地获取了危险化学品事故现场危害信息，为科学安全评估危害状态以及合理有效提出处置策略提供了可靠的、基础性的技术支撑。

3. 科学评估，措施得当

阿特斯公司危险化学品事故处置中，如何确保危险化学品这些“定时炸弹”在转移中不泄漏、不爆炸，是这次龙卷风冰雹灾害中的另一场特殊战役，更是社会关切的热点，也是安全评估的重点。为了科学评估阿特斯公司的危险化学品风险，指挥部调集专业力量，逐一排查关阀，在汇集危险化学品事故信息、气候因素以及其他可能危及应急处置的不安全因素并考虑危险化学品物理化学性质后，及时进行安全评估并制定“先易后难、工艺处置、拆解分离、全程监护”的输转方案，如氩气、氮气、液氧等惰性气体“倒罐转运”；“突出重点、专业攻坚”处置策略，即性质极其活泼的三甲基铝本地“燃烧”，极其敏感、遇空气或氧即发生自燃、爆炸反应的硅烷采取“放空引燃、拆解分离、不间断吹送氮气”的战术措施，避免了爆炸发生。

阿特斯公司危险化学品事故具有危害性大、突发性强、建筑物破坏严重、处置难度大等特点，需要持续动态地侦检危险化学品浓度及分布、监测气象变化以及跟踪危险化学品处置情况，动态进行评估并及时调整处置决策。例如，在转移过程中，疑似发生氢氧化钾、硝酸泄漏，现场监护力量利用 pH 试纸检测后，确定部分罐体顶部破损并造成较大体量泄漏。随后，立即组织厂方技术人员将未受损的酸碱储罐安全转移，科学运用“虹吸”原理，分别将发生泄漏的罐体中的氢氧化钾和硝酸导流至预备罐中并转运。

因此，及时科学地对事故现场危险化学品危险状态进行安全评估，提出合理得当的处置对策与措施并落实，是确保危险化学品安全处置的技术保障。

4. 专业处置，应对到位

阿特斯公司危险化学品事故处置人员包括工厂危险化学品技术人员、危险化学品供应人员、消防、环保、公安、交通、医疗等部门人员，都是各领域的专业人员。到达事故现场后安全评估人员在穿戴好防护服后与工厂危险化学品技术人员一道克服废墟、障碍物等的阻挡，立即进入事故现场实地了解核实事故现场不安全因素，包括危险化学品信息、危害以及漏电、氧气含量、气象等，并在第一时间对发生滴漏的十余处阀门强行关阀断料。其他相关处置人员对埋压人员进行施救，并进行危险化学品处置前的准备工作如清除废墟和障碍物，无关人员撤离、警戒区设立、处置方案制定等。

依据处置措施决定在组织力量开辟救援道路的同时，优先对厂区甲类危险化学品仓库、集中供液室、氧氮罐区的危险化学品物料进行批量转移；并对危险化学品转移作业进行全程监护，在厂区南、北两头设置气球实时监测现场气候变化，如风向、风速、降雨等。根据危险化学品物理化学性质及危害特性，划分安全、轻危、中危、重危等警戒区域，设置高毒、易燃、爆炸、腐蚀、禁水等警示标识和安全出入口登记处；利用核生化侦检车、洗消模块车，设立流动侦检，分别设置人员、车辆、器材等洗消区域和简易洗消点。

2016 年 6 月 26 日上午，成功将危险化学品仓库内需要“倒罐转运”的危险化学品安全处置；储罐区的硅烷、背钝化工艺区的三甲基铝两种危险性极大的危险化学品物料采取“放空引燃”措施进行处置，截至 6 月 27 日晚上处置完成。至此，阿特斯公司危险化学品事故所有危险化学品得到了安全妥善的处置。

思　考　题

1. 危险化学品处置原则及方式是什么？
2. 危险化学品处置类型有哪些？主要处置步骤是什么？
3. 危险化学品处置对策与措施与哪些因素有关？
4. 危险化学品泄漏物如何处置？
5. 危险化学品腐蚀如何处置？
6. 简述危险化学品非暴露危害形式处置对策与措施。
7. 2016 年江苏盐城龙卷风冰雹危险化学品事故成功处置经验是什么？

8　危险化学品事故调查

自然灾害救援现场危险化学品事故应急处置包括危害处置和事故调查两部分。自然灾害救援现场危险化学品事故产生的原因包括自然灾害、固有因素和人为因素，其中人为因素包括设计施工不合规、使用伪劣材料、不按规定检测维护或不及时维护、不按规定处理危险化学品、事故处置过程中不按规定。事故调查一方面是查清引发危险化学品事故的原因，提出处理意见；另一方面是为防止类似自然灾害救援现场危险化学品事故发生而提出建议和措施。

8.1　调查任务及要求

8.1.1　调查任务

事故调查是从思想、管理和技术等方面查明弄清自然灾害救援现场危险化学品事故原因，分清事故责任，提出有效改进措施，从中吸取教训，防止类似事故重复发生。事故调查的主要任务有以下几个。

（1）查清事故发生经过。即通过现场留下的痕迹，空间环境的变化，对事故见证人、受伤者的询问以及对有关现象的仔细观察、必要的科学实验等方式或手段来弄清自然灾害救援现场危险化学品事故发生的前后经过，并用简短的文字准确表述出来。

（2）找出事故原因。即从人为因素、管理因素、环境因素、自然因素以及设备设施安全因素等方面进行综合分析，找出事故发生的直接原因和间接原因。找出事故原因是事故调查分析的中心任务。

（3）分清事故责任。通过事故调查，划清与事故事实有关的法律责任，如为人为因素应对有关责任者提出处理建议，包括行政处分、经济处罚。构成犯罪的，由司法机关依法追究刑事责任。

（4）防止类似事故发生。吸取事故教训，提出预防措施，防止类似事故重复发生，这是事故调查分析的最终目的。

8.1.2　调查要求

根据《中华人民共和国安全生产法》的规定，事故调查要求科学严谨、依法依规、实事求是、注重实效。具体要求：以物证为基础，找出因果关系；以技术为主导，解释各种现象；以制度为量尺，分清相关责任；以法律为准绳，总结事故教训。

（1）调查人员必须实际调查事故现场、提取物证，按物证做出事故结论。

（2）调查人员必须掌握事故调查技术，懂得危险化学品性能、储运设备结构与材料、生产储存运输条件及操作技术、自然灾害作用及危害等科学知识，才能圆满完成这一任务。

（3）坚持“四不放过”原则（《国务院办公厅关于加强安全工作的紧急通知》(〔2004〕7号)），即“事故原因未查清不放过，责任人员未处理不放过，整改措施未落实不放过，有关人员未受到教育不放过”。

（4）事故调查前调查组要制定调查方案，明确调查重点，做到合理分工，任务明确，职责分明。

8.2 调查依据

调查依据是指自然灾害救援现场危险化学品事故调查所依托或依据的法律法规规章制度。

8.2.1 《中华人民共和国安全生产法》

第九十九条　生产经营单位有下列行为之一的，责令限期改正，处五万元以下的罚款；逾期未改正的，处五万元以上二十万元以下的罚款，对其直接负责的主管人员和其他直接责任人员处一万元以上二万元以下的罚款；情节严重的，责令停产停业整顿；构成犯罪的，依照刑法有关规定追究刑事责任：

（一）未在有较大危险因素的生产经营场所和有关设施、设备上设置明显的安全警示标志的；

（二）安全设备的安装、使用、检测、改造和报废不符合国家标准或者行业标准的；

（三）未对安全设备进行经常性维护、保养和定期检测的；

（四）关闭、破坏直接关系生产安全的监控、报警、防护、救生设备、设施，或者篡改、隐瞒、销毁其相关数据、信息的；

（五）未为从业人员提供符合国家标准或者行业标准的劳动防护用品的；

（六）危险物品的容器、运输工具，以及涉及人身安全、危险性较大的海洋石油开采特种设备和矿山井下特种设备未经具有专业资质的机构检测、检验合格，取得安全使用证或者安全标志，投入使用的；

（七）使用应当淘汰的危及生产安全的工艺、设备的；

（八）餐饮等行业的生产经营单位使用燃气未安装可燃气体报警装置的。

第一百条　未经依法批准，擅自生产、经营、运输、储存、使用危险物品或者处置废弃危险物品的，依照有关危险物品安全管理的法律、行政法规的规定予以处罚；构成犯罪的，依照刑法有关规定追究刑事责任。

第一百零一条　生产经营单位有下列行为之一的，责令限期改正，处十万元以下的罚款；逾期未改正的，责令停产停业整顿，并处十万元以上二十万元以下的罚款，对其直接负责的主管人员和其他直接责任人员处二万元以上五万元以下的罚款；构成犯罪的，依照刑法有关规定追究刑事责任：

（一）生产、经营、运输、储存、使用危险物品或者处置废弃危险物品，未建立专门安全管理制度、未采取可靠的安全措施的；

（二）对重大危险源未登记建档，未进行定期检测、评估、监控，未制定应急预案，或者未告知应急措施的；

（三）未建立安全风险分级管控制度或者未按照安全风险分级采取相应管控措施的；

（四）未建立事故隐患排查治理制度，或者重大事故隐患排查治理情况未按照规定报告的。

8.2.2 《中华人民共和国突发事件应对法》

第三条　突发事件，是指突然发生，造成或者可能造成严重社会危害，需要采取应急处置措施予以应对的自然灾害、事故灾难、公共卫生事件和社会安全事件。

第六十三条　地方各级人民政府和县级以上各级人民政府有关部门违反本法规定，不履行法定职责的，由其上级行政机关或者监察机关责令改正；有下列情形之一的，根据情节对直接负责的主管人员和其他直接责任人员依法给予处分：

（一）未按规定采取预防措施，导致发生突发事件，或者未采取必要的防范措施，导致发生次生、衍生事件的；

（二）迟报、谎报、瞒报、漏报有关突发事件的信息，或者通报、报送、公布虚假信息，造成后果的；

（三）未按规定及时发布突发事件警报、采取预警期的措施，导致损害发生的；

（四）未按规定及时采取措施处置突发事件或者处置不当，造成后果的。

第六十四条　有关单位有下列情形之一的，由所在地履行统一领导职责的人民政府责令停产停业，暂扣或者吊销许可证或者营业执照，并处五万元以上二十万元以下的罚款；构成违反治安管理行为的，由公安机关依法给予处罚：

（一）未按规定采取预防措施，导致发生严重突发事件的；

（二）未及时消除已发现的可能引发突发事件的隐患，导致发生严重突发事件的；

（三）未做好应急设备、设施日常维护、检测工作，导致发生严重突发事件或者突发事件危害扩大的；

（四）突发事件发生后，不及时组织开展应急救援工作，造成严重后果的。

第六十五条 违反本法规定，编造并传播有关突发事件事态发展或者应急处置工作的虚假信息，或者明知是有关突发事件事态发展或者应急处置工作的虚假信息而进行传播的，责令改正，给予警告；造成严重后果的，依法暂停其业务活动或者吊销其执业许可证；负有直接责任的人员是国家工作人员的，还应当对其依法给予处分；构成违反治安管理行为的，由公安机关依法给予处罚。

第六十七条 单位或者个人违反本法规定，导致突发事件发生或者危害扩大，给他人人身、财产造成损害的，应当依法承担民事责任。

第六十八条 违反本法规定，构成犯罪的，依法追究刑事责任。

8.2.3 《危险化学品安全管理条例》

第六章“危险化学品登记与事故应急救援”的相关规定：

第六十八条 危险化学品登记机构应当定期向工业和信息化、环境保护、公安、卫生、交通运输、铁路、质量监督检验检疫等部门提供危险化学品登记的有关信息和资料。

第七十条 危险化学品单位应当制定本单位危险化学品事故应急预案，配备应急救援人员和必要的应急救援器材、设备，并定期组织应急救援演练。

第七十一条 发生危险化学品事故，事故单位主要负责人应当立即按照本单位危险化学品应急预案组织救援，并向当地安全生产监督管理部门和环境保护、公安、卫生主管部门报告；道路运输、水路运输过程中发生危险化学品事故的，驾驶人员、船员或者押运人员还应当向事故发生地交通运输主管部门报告。

第七十二条 发生危险化学品事故，有关地方人民政府应当立即组织安全生产监督管理、环境保护、公安、卫生、交通运输等有关部门，按照本地区危险化学品事故应急预案组织实施救援，不得拖延、推诿。

有关地方人民政府及其有关部门应当按照下列规定，采取必要的应急处置措施，减少事故损失，防止事故蔓延、扩大：

（一）立即组织营救和救治受害人员，疏散、撤离或者采取其他措施保护危害区域内的其他人员；

（二）迅速控制危害源，测定危险化学品的性质、事故的危害区域及危害程度；

（三）针对事故对人体、动植物、土壤、水源、大气造成的现实危害和可能产生的危害，迅速采取封闭、隔离、洗消等措施；

（四）对危险化学品事故造成的环境污染和生态破坏状况进行监测、评估，并采取相应的环境污染治理和生态修复措施。

第七十三条 有关危险化学品单位应当为危险化学品事故应急救援提供技术指导和必要的协助。

第七章“法律责任”关于相应的法律责任的规定：

第九十三条　伪造、变造或者出租、出借、转让危险化学品安全生产许可证、工业产品生产许可证，或者使用伪造、变造的危险化学品安全生产许可证、工业产品生产许可证的，分别依照《安全生产许可证条例》、《中华人民共和国工业产品生产许可证管理条例》的规定处罚。

第九十四条　危险化学品单位发生危险化学品事故，其主要负责人不立即组织救援或者不立即向有关部门报告的，依照《生产安全事故报告和调查处理条例》的规定处罚。

危险化学品单位发生危险化学品事故，造成他人人身伤害或者财产损失的，依法承担赔偿责任。

第九十五条　发生危险化学品事故，有关地方人民政府及其有关部门不立即组织实施救援，或者不采取必要的应急处置措施减少事故损失，防止事故蔓延、扩大的，对直接负责的主管人员和其他直接责任人员依法给予处分；构成犯罪的，依法追究刑事责任。

第九十六条　负有危险化学品安全监督管理职责的部门的工作人员，在危险化学品安全监督管理工作中滥用职权、玩忽职守、徇私舞弊，构成犯罪的，依法追究刑事责任；尚不构成犯罪的，依法给予处分。

8.2.4 《国务院关于特大安全事故行政责任追究的规定》

第二条　地方人民政府主要领导人和政府有关部门正职负责人对下列特大安全事故的防范、发生，依照法律、行政法规和本规定的规定有失职、渎职情形或者负有领导责任的，依照本规定给予行政处分；构成玩忽职守罪或者其他罪的，依法追究刑事责任；

（一）特大火灾事故；

（二）特大交通安全事故；

（三）特大建筑质量安全事故；

（四）民用爆炸物品和化学危险品特大安全事故；

（五）煤矿和其他矿山特大安全事故；

（六）锅炉、压力容器、压力管道和特种设备特大安全事故；

（七）其他特大安全事故。

地方人民政府和政府有关部门对特大安全事故的防范、发生直接负责的主管人员和其他直接责任人员，比照本规定给予行政处分；构成玩忽职守罪或者其他罪的，依法追究刑事责任。

第六条　市（地、州）、县（市、区）人民政府应当组织有关部门按照职责分工对本地区容易发生特大安全事故的单位、设施和场所安全事故的防范明确责任、采取措施，并组织有关部门对上述单位、设施和场所进行严格检查。

第十九条 特大安全事故发生后，按照国家有关规定组织调查组对事故进行调查。事故调查工作应当自事故发生之日起60日内完成，并由调查组提出调查报告；遇有特殊情况的，经调查组提出并报国家安全生产监督管理机构批准后，可以适当延长时间。调查报告应当包括依照本规定对有关责任人员追究行政责任或者其他法律责任的意见。

省、自治区、直辖市人民政府应当自调查报告提交之日起30日内，对有关责任人员作出处理决定；必要时，国务院可以对特大安全事故的有关责任人员作出处理决定。

第二十条 地方人民政府或者政府部门阻挠、干涉对特大安全事故有关责任人员追究行政责任的，对该地方人民政府主要领导人或者政府部门正职负责人，根据情节轻重，给予降级或者撤职的行政处分。

8.3 危险化学品事故原因

虽然自然灾害引发危险化学品事故的主要原因是自然灾害，但也存在其他原因。全面分析自然灾害引发危险化学品事故的原因，不仅有利于事后开展技术原因调查，也有利于事故处置工作的有效开展，更有利于杜绝该类事件发生。其产生原因可以分为三类：自然灾害、固有因素、人为因素。

8.3.1 自然灾害

自然灾害是指给人类生存带来危害或损害人类生活环境的自然现象。因此，自然灾害是引发危险化学品事故的直接外力原因，包括造成危险化学品储存容器撞击、破坏等，使危险化学品泄漏、爆炸等。所以，防止、避让自然灾害所产生的直接作用，是减少或杜绝危险化学品事故发生行之有效的方式。

8.3.2 固有因素

固有因素一方面是指危险化学品本身具有易燃、易爆、毒害、腐蚀等特性，容易发生事故，在生产、储存、运输、销售、使用等各环节中，应该严格按照国家、行业、单位、部门等有关规定进行管理、操作；另一方面是指储存、运输等环节所使用的装备引发危险化学品事故，如达到使用年限而发生自燃，这种事故概率低，但理论上存在。

8.3.3 人为因素

由于人为原因致使自然灾害引发危险化学品事故发生，包括以下几种。

（1）设计施工操作等不合格。为防止危险化学品事故发生特别是在自然灾害作用下发生，国家、行业、单位、部门等对接触危险化学品设备的设计施工及其日常管理都有严格规定和要求，如布建位置应考虑自然灾害的影响、避开易发自然灾害地或安全评估后设防。但一些企业、单位、个人等为了谋取利益，在制造、施工中更改设计、施工要求以及日常操作中不按规定操作，造成相关设备安全性降低，致使其抵抗自然灾害的能力不能满足设计要求，易引发危险化学品事故。例如，2005 年 6 月 24 日，欧盟一丙烯气体充装厂因高温发生大火，气瓶爆炸，调查发现：气瓶排气目标压力值设定太低，导致气瓶提前排气，气体充装厂未修改高温作业惯例，增大最低泄压值和丙烯蒸气压之间的差距，降低提前排气风险①。

（2）使用伪劣材料。使用伪劣材料是指在危险化学品储存容器、运输管道等的制造、施工中，虽然不更改设计、施工要求，但使用不符合要求的伪劣材料，造成储存、运输危险化学品的容器、管道等性能降低，无法抵御设计时的自然灾害作用而引发危险化学品事故。例如，2005 年 6 月 24 日，欧盟一丙烯气体充装厂因高温发生大火，气瓶爆炸，调查发现：气瓶储存区分为满载区、空瓶区和回收区，气瓶回收后会重新充气，但有时回收的并不是空瓶，使用了不符合要求的气瓶①。

（3）人为破坏。人为破坏是指有意或有预谋破坏安全设施致使自然灾害引发不该发生的危险化学品事故。危险化学品具有易燃、易爆、毒害、腐蚀等性质，容易发生安全事故，在储存、运输、生产、销售、使用等各环节中，应该严格按照国家、行业、单位、部门等有关规定进行管理、操作，不得随意破坏其各种相关安全设施。在自然灾害发生前或发生过程中，如果人为破坏危险化学品生产、储存、运输、销售、使用等环节相关安全设施，增大不安全风险，在自然灾害作用下引发危险化学品事故，即为人为破坏。

（4）不按规定检测维护或不及时维护。产品在使用过程中要定期检测维护，增加其安全性和可靠性。由于危险化学品的特殊危险性，与危险化学品接触的设备更应该按规定要求进行定期检测维护，如储存容器、运输管道、阀门开关等。然而，实际工作中时常发生不按规定检测维护或不及时维护，造成设备带病运行、工作，降低了安全性和可靠性，当自然灾害发生时，发生危险化学品事故的可能性将增大。例如，2000 年 7 月 24 日，欧盟某糖厂附近出现雷电活动，雷电击中了一个酒精储罐的顶部，引发爆炸，爆炸后发生大火，调查发现：储罐上未安装事发前 18 个月建议安装的阻火器①。

（5）不按规定处置危险化学品。危险化学品储存、运输、生产、销售、使用等环节，必须按相关要求执行，如遇水容易爆炸的危险化学品应该存放在远离水的地方且做好防潮措施，否则如果发生洪灾，极易造成诸如爆炸、泄漏等安全事故；或私自储存、使用、运输、生产、销售未审批的危险化学品，致使自然灾害引发危险化学品事故发生。例如，2011 年 7 月 11 日，欧盟一海军基地因高温造成爆炸物容器发生爆炸，13 人

---

① 苏珊娜·吉尼斯，莫琳·赫拉蒂·伍德（文），张微明（译）. 自然灾害诱发的化学品事故［J］. 现代职业安全（专辑：工程科技Ⅰ辑，专题：有机化工安全科学与灾害防治），2020（12）：82-86.

死亡、60 多人受伤，调查发现：相关人员没有意识到高温带来的潜在危害，另外爆炸物放在海军基地两年多，没有采取常规的处置措施①。

（6）事故处置过程中不按规定。自然灾害引发危险化学品事故后，相关企业、单位、部门以及有关领导、人员，应按应急处置预案处置。领导要靠前指挥，技术人员应该尽快找到事故源、事故类型，制定周密有效的处置措施并尽快实施，减少事故危害。严禁擅自更改操作规程，擅自脱离岗位，更不能不及时进行处置，杜绝瞒报、谎报、虚报等事件的发生。例如欧盟一制药厂经历 3 小时强降雨后（降雨量约 300 mm），位于低处的工业区由于没有足够的抽水设备进行排水，出现积水，部分地点的水位高达 1 m，虽然工厂员工在水位上升前就拉响了警报，但两天后工厂才启动内部应急方案，造成危害蔓延、扩大①。

8.4 调查方法与程序

8.4.1 调查方法

调查方法是调查主体为保证其调查活动朝着预定的方向进行，达到了解和认识调查对象所运用的手段、工具和方式的总和。自然灾害救援现场危险化学品事故调查主要方法有以下几种。

（1）现场勘查。危险化学品事故发生后，第一步是进行现场勘查。现场勘查是事故调查的关键环节，可以提供大量的实际数据和证据。调查人员需要仔细观察事故现场，记录现场情况，包括事故发生的地点、周围环境、事故物质的性质。同时，还要收集现场照片和视频资料，以备后续分析使用。

（2）证据收集。在进行危险化学品事故调查时，证据收集至关重要，可以运用询问、现场查看以及查阅记录、文件、资料等方式开展。调查人员需要采集现场物证和文证，以便分析事故原因。物证可以包括事故物质的残留物、破损设备等，文证则可以包括事故记录、操作规程、安全检查记录等。

（3）实验模拟。自然灾害救援现场危险化学品事故调查中，一些事故原因不容易查找，可以通过实验模拟方法进行查找。实验是为验证某种认识或假说是否正确而进行的一种试验；模拟是对真实事物或者过程的虚拟重现。因此，通过实验模拟可以很好地揭示其他调查方法无法获得的事故原因。

（4）检测鉴定。检测是指通过专用仪器和设备对危险化学品事故设备、结构或构件的设计、参数、特性、材料及缺陷进行测定，必要时辅以验算；鉴定是指根据检查和检测结果，依据国家、行业、地方、企业、部门等相关法律、规定、标准，对其结构和

① 苏珊娜·吉尼斯，莫琳·赫拉蒂·伍德（文），张微明（译）. 自然灾害诱发的化学品事故［J］. 现代职业安全（专辑：工程科技Ⅰ辑，专题：有机化工安全科学与灾害防治），2020（12）：82-86.

特性进行评定，给出是否符合有关法律、规定、标准等。

（5）资料分析。事故调查的核心是对收集的数据进行分析。数据分析可以帮助调查人员找出事故根本原因，并提出相应的改进措施。在数据分析过程中，可以使用统计分析方法、数学模型等工具，以便更好地理解事故发生机理。

（6）征询专家。在自然灾害救援现场危险化学品事故调查中，专家意见至关重要，可以通过参与事故调查、论证和咨询形式获得。专家可以根据自身的经验和专业知识，对事故调查提供有价值的意见和建议。因此，在进行事故调查时，应尽量邀请相关领域专家参与、论证；如专家无法参与，应向专家咨询。

（7）经验总结。危险化学品事故调查过程中，经验总结非常重要。通过总结以往的事故调查经验，可以发现一些常见事故原因和规律。这些经验可以指导调查人员更好地开展实践工作，并提高调查实效。此外，还可以将经验总结成案例，供其他人学习和借鉴。

（8）提出措施。危险化学品事故调查不仅仅是找出事故原因，更重要的是提出相应措施，预防、防止同类事故发生。通过事故调查，可以发现一些潜在的问题和隐患，并提出相应的改进措施。这些措施包括加强设备维护、改进操作规程、提高员工培训以及如何避让自然灾害等。只有通过采取有效的预防措施，才能真正减少、杜绝自然灾害引发的危险化学品事故。

8.4.2 调查程序

调查程序，是指调查过程中的前后时间顺序与具体步骤。作为一项科学活动，调查的一般过程是与科学的认识规律和科学研究的一般程序相一致的。危险化学品事故调查程序一般包括事故报告、事故救援及现场保护、事故调查、事故分析、事故处理、调查报告撰写、事故材料归档等过程（图 8-1）。

1. 报告事故

事故发生后当事单位或个人立即向有关部门、领导、人员等报告事故情况：①自然灾害发生情况及其影响；②危险化学品事故发生单位概况；③危险化学品事故发生的时间、地点以及事故现场情况；④危险化学品事故的简要经过；⑤危险化学品事故已经造成或者可能造成的伤亡人数（包括下落不明的人数）、初步估计的直接经济损失以及危害情况；⑥已经采取的措施；⑦其他应当报告的情况。

2. 事故救援及现场保护

（1）布置处置。相关领导得知事故发生后，对事故处理提出的一系列处置对策和措施，包括人员救治、危险处置、安全评估、事故调查等。

（2）赶赴现场。相关部门、人员在得知事故发生后，根据上级指示或应急预案有关人员迅速赶赴现场进行应急处置。

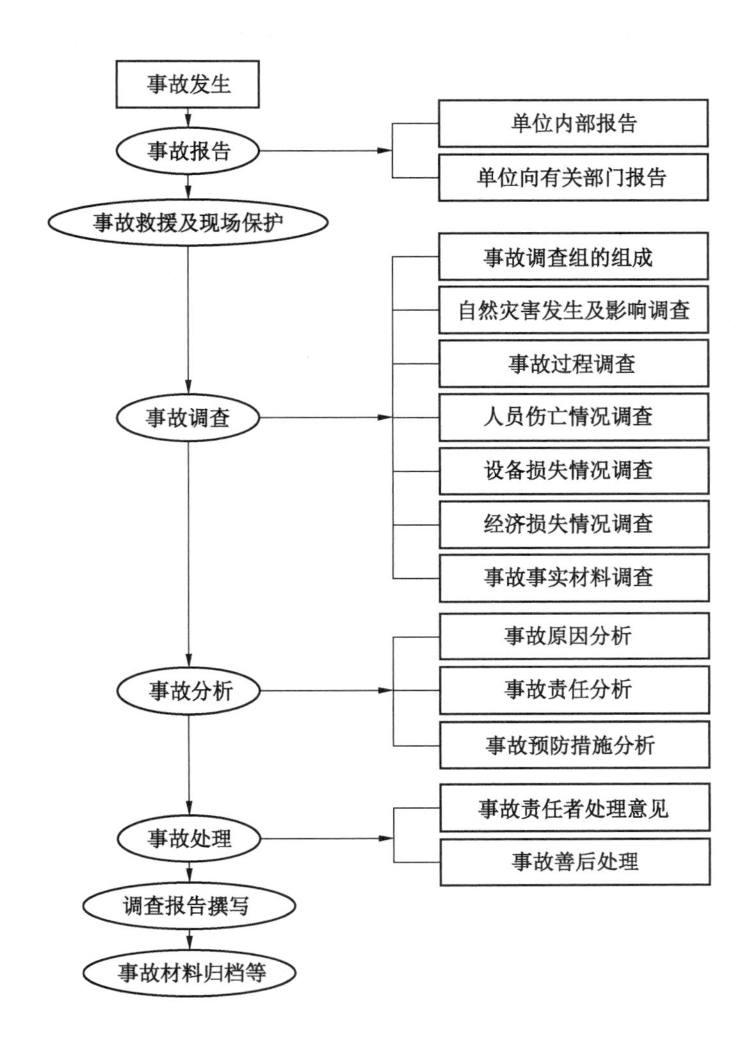

图 8-1 事故调查程序图

(3) 现场保护。事故发生后，认真保护事故现场，凡与事故有关的物体、痕迹、状态，不得破坏，现场保护的好坏直接影响着事故现场调查的质量。

3. 事故调查

1) 成立调查组

根据相关法律、法规、文件等，成立各有关单位、专家参加的事故调查组，查清自然灾害救援现场危险化学品事故原因及其责任，提出整改措施和建议，防止此类事故再次发生。

2) 收集材料

(1) 收集现场材料，包括自然灾害影响如地震烈度、台风暴雨等级；现场物证包括破损部件、碎片、残留物、致害物的位置等；在现场搜集到的所有物件均应贴上标签，注明地点、时间、管理者；所有物件应保持原样，不准冲洗擦拭；对健康有危害的物品，应采取不损坏原始证据的安全防护措施。

（2）要尽快进行证人材料搜集，对证人的口述材料认真做好记录并核实，认真考证其真实程度。

（3）与事故鉴别、记录有关的材料，包括发生事故的单位、地点、时间；受害人和肇事者的姓名、性别、年龄、文化程度、职务、职称、工龄、本工种工龄、技术状况、接受安全教育情况、过去的事故记录及支付工资的形式；事故发生当天，受害人和肇事者什么时间开始工作、工作内容、工作量、作业程序、操作时的动作或位置；自然灾害发生前相关部门是否有预测，如有预测单位是否采取有效措施，以及是否告知职工特别是接触危险化学品职工。

（4）事故发生的有关事实，包括自然灾害发生情况及影响；避让自然灾害有关的法律、法规、管理条例、规定等执行情况；危险化学品事故发生前设备、设施等性能和质量状况；使用的材料；有关设计和工艺方面的技术文件、工作指令和规章制度方面的资料及执行情况；关于工作环境方面的状况；个人防护措施状况，是否知道自然灾害发生及其采取合理规避措施情况；出事前受害人和肇事者的健康状况；其他可能与事故致因有关的细节或因素。

3）现场勘查

现场勘查主要是为了收集证据查明事故原因，对与事故有关的场所、物品等进行现场访问和勘验检查工作，包括勘查事故危险程度、范围、大小，事故现场、残骸、痕迹等，以现场笔录、照相、摄影、录像等方式做好记录。

（1）自然灾害影响，包括反映周围附近受影响的照片。

（2）显示危险化学品事故残骸和受害者照片。

（3）可能被清除或被践踏的痕迹，如刹车痕迹、地面和建筑物的痕迹，火灾或爆炸引起损害的照片、下落物空间等。

（4）事故现场全貌照相、摄影、录像。

（5）与相关人员访谈并做好笔录与签字。

4）及时协调沟通情况

不同部门、不同人员之间互通有无，以了解对方的情况或信息。

4. 事故分析

自然灾害救援现场危险化学品事故分析是指将收集到的有关事故资料分解成较简单的组成部分并进行研究，找出这些部分的本质属性和彼此间的关系。包括事故原因分析、经济损失分析、事故责任分析、事故预防措施分析等。

5. 事故处理

事故处理是指根据事故分析结果认定事故承担责任体或人，然后进行相应处理。如救援现场危险化学品事故的引发因素仅为自然灾害，即无人为因素，该事故将不追究人为责任；若本来可以避免自然灾害救援现场危险化学品事故发生或减少事故危害，但由于人为因素造成事故发生或事故危害变大，将依责任大小和有关法律、法规、规定等追究相应责任人责任。

6. 调查报告撰写

将调查材料进行分析研究，得出结论并提出处理建议，然后撰写调查报告并编制成册，即为形成事故调查报告。在完成事故调查报告撰写并进行相应处理后，调查组结束其工作。

7. 事故材料归档

将危险化学品事故调查过程中所搜集材料，根据相关规定整理转交给相应部门保存，称为事故调查结案归档。

8.5 事故调查

8.5.1 调查组

自然灾害救援现场发生危险化学品安全事故后，除了报告和处置事故之外，后续主要工作之一就是事故调查，事故调查应当成立事故调查组。

1. 调查组职责

依据《生产安全事故报告和调查处理条例》第二十五条，事故调查组履行下列职责：查明事故发生的经过、原因、人员伤亡情况及直接经济损失；认定事故的性质和事故责任；提出对事故责任者的处理建议；总结事故教训，提出防范和整改措施；提交事故调查报告。具体如下：

（1）查明事故发生的经过、救援处置情况、原因、人员伤亡情况及直接经济损失，并对应急处置情况开展评估。

（2）委托具有国家规定资质的单位进行技术鉴定，聘请有关专家参与事故调查。

（3）认定事故性质和事故责任，提出对事故责任单位和人员的处理建议。

（4）总结事故教训，提出针对性的防范和整改措施。

（5）向政府提交事故调查报告。

（6）对事故调查中发现涉嫌犯罪或违法的，及时将有关证据、材料或者其复印件移交司法机关或相关部门处理。

2. 调查组人员

《生产安全事故报告和调查处理条例》第二十二条规定：“事故调查组的组成应当

遵循精简、效能的原则。根据事故的具体情况，事故调查组由有关人民政府、安全生产监督管理部门、负有安全生产监督管理职责的有关部门、监察机关、公安机关以及工会派人组成，并应当邀请人民检察院派人参加。事故调查组可以聘请有关专家参与调查。”事故调查组成员应当具有事故调查所需要的知识和专长，并与所调查的事故没有直接利害关系。事故调查组组长由负责事故调查的人民政府指定，事故调查组组长主持事故调查组的工作。

8.5.2 调查报告

1. 事故调查报告特点

不仅要介绍自然灾害发生以及危险化学品事故发生的全过程，还要对危险化学品事故进行本质的分析、评价，从中总结教训，探索减少甚至规避自然灾害救援现场引发危险化学品事故的方法。

（1）事故调查报告所反映的内容必须客观存在，是事故本来面貌的记录，能够真实地反映事故发生的经过和原因，让人们从中清楚地看出事故是在什么样的条件下发生的，促成事故发生的原因是什么。

（2）从不同侧面反映出导致事故发生的客观条件和主观因素，做到所写的事故经过真实，原因分析准确，对事故责任者处理意见客观公正，事故预防措施切实可行，真正起到汲取教训、提高认识、清除隐患、预防事故、强化安全工作的作用。

2. 事故调查报告的内容

（1）自然灾害发生情况及其影响。

（2）事故发生单位概况。

（3）事故发生时间、地点以及事故现场情况。

（4）事故发生经过和事故救援情况。

（5）事故造成的人员伤亡和直接经济损失。

（6）事故发生的原因和事故性质。

（7）如人为因素造成的事故，认定事故责任以及对事故责任者的处理建议。

（8）事故防范和整改措施以及事故调查报告应当附上的有关证据材料。

3. 事故调查报告及写作技巧

自然灾害救援现场危险化学品事故调查报告的具体格式与内容虽有固定要求，但写好事故调查报告，需要掌握一些写作技巧。

（1）标题：标题是一篇报告的门面，能够帮助读者阅读和理解报告中的内容。因此，题目要尽量精简，清楚表达，字数力求少而精。

（2）格式：事故调查报告属于调查报告的一种，文体要符合报告的要求。

（3）文字表达：事故调查报告文字表达应简洁、明白、准确，不需要文学式的描述。特别注意要使用通俗易懂的词语，忌用生僻的术语、地方用语和应用面很窄的行业用语。

（4）结构层次：撰写事故调查报告一般采用倒叙方式，先摆出事故发生的事实，如在何时、何地发生什么事故，死伤人数，经济损失情况。然后按事故发生的先后顺序，叙述事故的经过和事故的原因分析等。

4. 事故调查报告例子

×××：

×年×月×日×时×分，位于××市××路××号的××单位发生一起起严重伤害事故，造成×人死亡，直接经济损失××万元。事故发生后，根据《生产安全事故报告和调查处理条例》（国务院令第493号）相关规定，经××市政府同意，成立了由××市安全监管局、监察局、公安局、总工会及××部门组成的事故调查组，对该起事故进行调查。事故调查组通过现场勘查、专家鉴定和多方取证，查清了事故发生的经过、原因和性质。

一、事故基本情况

此部分内容是事故调查中管理责任认定的事实依据，包括以下几方面内容：①事故发生单位及相关责任单位的基本情况；②单位及相关人员资质情况；③事故发生地自然灾害发生情况；④事故点事发前危险化学品相关设施不安全状况；⑤单位安全管理情况；⑥所在地政府及相关负有职责的部门的安全监管情况。

二、事故发生经过及救援情况

1. 事故发生经过

客观地描述自然灾害发生以及危险化学品事故发生、抢救直至救出最后一名遇难者（或伤者）为止的整个过程。重点描述事故演变过程中事故触发、发展、扩大的状态，场所、设施、设备、装置的变化状态以及人员违章违规行为。

2. 应急救援情况

简单介绍自然灾害救援以及危险化学品事故应急处置情况，如有必要也可以简单介绍善后处理情况。

三、事故造成的人员伤亡和直接经济损失

1. 伤亡人员情况

2. 事故直接经济损失

四、事故发生原因和事故性质

1. 事故发生原因

（1）直接原因：主要从现场勘察和事故经过中概括出物的不安全状态和人的不安

全行为。

（2）间接原因：主要从报告的第一部分“基本情况”中概括出事故单位安全管理及部门监管方面存在的缺陷。

2. 事故性质

认定事故是自然灾害、固有因素还是人为因素造成的事故。

五、对人为因素事故有关责任人员和单位的处理建议

（1）建议移送司法机关处理的责任人员。

（2）建议给予党纪和行政处分的责任人员。

（3）建议给予行政处罚的责任单位和责任人员。

（4）建议依单位内部规章制度处理的责任人员。

责任人员的责任认定按下列模式表述：姓名、政治面貌、现任职务、分管业务、任职时间、违法违规事实（多条分号隔开）、负何种责任、根据何规定（条款）、建议给予何种处分（处罚）。

责任单位的责任认定按下列模式表述：单位、违法违规事实、违反何规定（条款）、建议给予何种行政处罚。

六、整改防范措施建议

要针对事故发生的原因，提出具有针对性、切实可行的防止类似事故发生的措施。应从管理、装备和人员培训等方面提出防范措施。

七、附件

1. 调查组的组建

包括两项内容：①调查组组建文件；②调查组人员名单（表格），表格名为“××事故调查组人员名单”，内容包括人员姓名、工作单位、职务、调查组内职务、签名。

2. 事故现场示意图

图形用A4纸按比例绘制，具体比例根据实际情况掌握。图中要反映事故现场设备、设施、装置的布置、事故地点名称、位置（注明距离尺寸）、伤亡人员位置及倒向、有关设备、设施事故前后位置等。同时须标明图题、指向标、比例尺、图例和落款等要素。

3. 事故伤亡人员情况

建议以表格形式列出事故伤亡人员情况，表名为“××事故伤亡人员名单”。内容包括伤亡人员姓名、籍贯、年龄、工种、培训情况和伤害程度等。

4. 事故直接经济损失明细

×××

20××年×月×日

8.6 事故处理

8.6.1 处理原则

根据《中华人民共和国安全生产法》第八十六条规定，事故调查处理应当按照科学严谨、依法依规、实事求是、注重实效的原则，及时、准确地查清事故原因，查明事故性质和责任，评估应急处置工作，总结事故教训，提出整改措施，并对事故责任单位和人员提出处理建议。事故调查报告应当依法及时向社会公布。事故调查和处理的具体办法由国务院制定。

1. 科学严谨原则

调查处理安全事故，需要做很多技术上的分析和研究，要科学调查、严谨分析，特别是要充分发挥专家和技术人员的作用，把对事故原因的查明、事故责任的分析、认定建立在科学分析的基础上，力求客观、公正。

2. 依法依规原则

事故调查处理要严格按照法律法规规定的原则、程序进行，做到客观公正、恪尽职守、严守纪律；事故责任认定要“以事实为依据，以法律为准绳”，严格按照法律法规的规定，严肃追究相关责任人的责任。

3. 实事求是原则

对事故调查处理，必须从实际出发，在深入调查的基础上，客观、真实地查清事故真相，明确事故责任，提出处理意见。不得从主观出发，凭空想象，不得感情用事，不得夸大事实或缩小事实，不得弄虚作假。

4. 注重实效原则

事故调查处理要提高效率，尽快完成。同时，除了要严肃认真彻底查清事故原因和责任，还要通过事故调查加强警示教育，提出防范措施，用事故教训推动安全工作及防范，不能用鲜血换来的教训再次用鲜血去验证。

8.6.2 事故性质

在事故调查结束后，需要进行处理，包括事故性质的确定；分析责任事故，提出对相关责任人的处理意见与建议；给出防范措施；建立事故档案等工作。事故处理必须坚持“四不放过”原则。

该项内容确定是整个事故处理的关键和核心内容，要客观公正，以事实为依据，科学合理地确定事故性质。事故按性质分为自然灾害事故、固有因素事故、人为因素事故。

（1）自然灾害事故：是指自然灾害造成的危险化学品事故，即人力不可抗拒的非人为事故。

（2）固有因素事故：即危险化学品本身具有易燃、易爆、毒害、腐蚀等性质，在储存、运输等环节所使用设备未达到使用年限时发生了自然灾害，引发危险化学品安全事故。

（3）人为因素事故：本来可以避免自然灾害救援现场危险化学品事故发生或减少事故危害，但由于人为因素造成事故发生或事故危害变大，如使用伪劣产品、设备设施设计不合理、人为破坏危险化学品储运设备以及相关安全设施等致使自然灾害引发不该发生的危险化学品事故。

8.6.3 事故责任

造成下列事故，应首先追究领导的责任：

（1）未按设计规定的安全标准进行施工建设危险化学品设施；

（2）未按设计规定的安全标准采购合格的危险化学品设施；

（3）设备严重失修或超负荷运转；

（4）对自然灾害发生熟视无睹、不采取规避措施或挪用安全技术措施经费，致使自然灾害发生引发危险化学品事故发生；

（5）对已经列入危险化学品事故隐患治理或安全技术措施的项目，既不按期实施，又不采取应急措施而致使自然灾害发生时引发危险化学品事故；

（6）自然灾害引发危险化学品事故后，未认真吸取与人为因素相关的经验教训，不采取整改措施，引发危险化学品事故重复发生；

（7）对自然灾害救援现场危险化学品事故现场工作缺乏检查或指导错误。

对下述情况，应追究有关人员责任：

（1）违反《中华人民共和国安全生产法》《危险化学品安全管理条例》《中华人民共和国突发事件应对法》等相关法律法规，不及时合理科学处理或玩忽职守，引发危险化学品事故危害扩大或转移；

（2）在危险化学品事故发生后，隐瞒不报、谎报、故意拖延不报、故意破坏事故现场，或者无正当理由拒绝接受调查以及拒绝提供有关情况和资料或提供虚假情况和资料等；

（3）有意或有预谋破坏危险化学品储运设备以及相关安全设施致使自然灾害引发不该发生的危险化学品事故；

（4）危险化学品储运设备以及相关安全设施设计、施工、日常操作等不合规，建造中使用伪劣材料，不按规定管理处理危险化学品以及生产、储存、运输、销售、使用等环节中不按规定检测维护或不及时维护相关安全设施。

8.6.4 处理形式

（1）罚款：依据《中华人民共和国突发事件应对法》《中华人民共和国安全生产

法》《危险化学品安全管理条例》《生产安全事故报告和调查处理条例》以及《〈生产安全事故报告和调查处理条例〉罚款处罚暂行规定》《中华人民共和国消防法》等法律法规，各级政府安全生产管理部门有权罚款。

（2）行政责任：包括行政处分和党内处分等，各级党政机关有权追究行政责任。

（3）刑事责任：包括检察院、公安机关或国家安全机关等有权裁定刑事责任。

思 考 题

1. 危险化学品事故调查任务及要求是什么？
2. 阐述危险化学品事故调查依据以及“四不放过”原则。
3. 引发危险化学品事故原因有哪些？如何分类？
4. 简述危险化学品事故调查方法与程序。
5. 危险化学品事故调查组职责包括哪些？其人员如何组成？
6. 事故调查报告主要内容是什么？其事故如何处理？

9 危险化学品安全防范与应急对策

“要切实增强抵御和应对自然灾害能力，坚持以防为主、防抗救相结合的方针，坚持常态减灾和非常态救灾相统一，全面提高全社会抵御自然灾害的综合防范能力”① 是防灾减灾工作的宗旨。对自然灾害引发的危险化学品事故，为了防范其发生以及及时开展应急处置，需要事前预警、事中监测和事后控制相结合，使之步步相承、环环相扣，形成一个高效、协调、有序的自然灾害引发危险化学品事故的防范与应急对策体系，科学合理配置相关行业的技术人员、基础设施、应急资源等，避免、降低或减少自然灾害引发的危险化学品事故灾害损失。

9.1 建立危险化学品事故处理系统

9.1.1 建立危险化学品事故预警系统

自然灾害分为五大类、40 个灾项，涉及国民经济各行业，包括应急、国土、交通、水利等。安全预警系统是防护自然灾害引发危险化学品事故的重要技术保障，各行各业应该在行业数据库、网络平台自动化监测系统等建设的基础上建立安全预警系统，以多网融合技术为依托，采用 B/S（Browser/Server，即浏览器/服务器）服务架构进行数据同步共享，通过数据库、数据采集和传输系统、数据管理系统建设及监控管理中心（或部门）建设，实现自然灾害频发地、易发地危险化学品基础信息、安全信息、安全隐患、安全可靠度等基本信息的管理、查询、输出、可视化显示等，对自然灾害引发的危险化学品事故迅速开展应急监测、预测、预报、评估等处置工作。

系统的建立可及时准确地掌握自然灾害救援场地危险化学品事故影响范围与危害程度，预测危害的演进过程以及可能危害的敏感区和敏感点；从时间和空间上对自然灾害引发的危险化学品事故进行预警预报，快速查找事故发生地的行政主管部门和应急、救援、环保、水利等部门的联系方式，根据危险化学品事故危害物质的特性，快速查找其扩散、影响范围并进行灾情评估；根据工作需要快速生成上报图表等，如在通过获取国土资源部、地震局、水利部、交通运输部、应急管理部等各行业专网共享数据的基础

① 习近平．牢固树立切实落实安全发展理念 确保广大人民群众生命财产安全（2015 年 5 月 29 日习近平在中共中央政治局第二十三次集体学习时强调）[R/OL].（2015-05-30）[2023-05-20]. http://www.xinhuanet.com/politics/2015-05/30/c_1115459659.htm.

上，实现将数据汇总、同步、研判和可视化展示等功能，提高应对自然灾害引发危险化学品事故的监测、预测、预报、评估的有效性。

9.1.2 建立危险化学品事故应急处理系统

自然灾害以及危险化学品涉及的相关行业，应该借鉴国际上的先进经验和管理模式，建立符合中国国情的自然灾害引发危险化学品事故应急处理系统，包括应急监测体系、预警通报体系、协调监督体系、救援防护体系、安全评估体系、应急处置对策与建议体系等。同时完善与之相适应的监测预警机制、应急指挥处理机制、信息发布与社会稳定机制等，提高应急反应的科学性、合理性和智能化水平，在短时间内实现应急反应最佳决策、行动程序和处置措施的制定，提高处置灾害的效率。

9.1.3 建立联动机制提高应急处理效率

自然灾害引发的危险化学品事故，不仅涉及危险化学品储存、运输、生产、销售等部门、企业，还涉及各级政府、应急、医疗、危险化学品专业处置等行业和部门。对于储存、运输、生产、销售等部门、企业以及所在地相关职能部门，应该长期坚持“常备不懈、积极兼容、统一指挥、分级管理、保护公众、保护环境 ”的应急方针，对自然灾害引发的危险化学品事故始终保持高度警惕。建立政府统一指挥，应急、安全、环保、城建、供水、气象、交通、公安、海事等多个部门组成的自然灾害引发危险化学品事故应急机构，配备一支训练有素的应急队伍，不定期地进行跨行业跨部门演练，争取最迅速、最大限度、最有效地遏制事故蔓延扩大，尽可能地把危害程度降到最低。良好的配合和协调机制可以促使各部门在处置应对自然灾害引发的危险化学品事故过程中积极配合、相互支援，提高应急处理能力，包括不同区域间和各个部门间的协调。

9.1.4 成立专门的应急队伍

自然灾害灾项多、救援场地类型复杂多变，且危险化学品品种多、物理化学性质差异大。因此，自然灾害引发的危险化学品事故应急处置具有专业性强、技术性强等特点，应成立经过专门培训的针对不同自然灾害以及救援场地的、不同危险化学品事故的应急队伍，包括一般的工作人员和相关领域的专家小组，如自然灾害、危险化学品、救援、监测、通信、安全评估等，配备相应的处置装备。成立应急指挥机构，建立技术、物资和人员保障系统，落实重大事故的值班、报告、处理制度，形成有效的应急救援机制。把自然灾害引发的危险化学品事故纳入相应行业或救援队伍以及应急行政管理工作中，建立反应迅速、组织科学、高效运转的应急机制，成立针对自然灾害引发的危险化学品事故应急处理专家小组，遇到突发情况能有条不紊地进行抢救与后期处理工作。当事故发生时能够确保迅速做出响应，有领导、有组织、有计划、有步骤、有条不紊地进行抢险救援工作，采取及时有效的措施将事故影响降到最低，增强自然灾害引发的危险化学品事故防范能力和风险防控能力，保障危险化学品企业安全运行和周围居民的人身安全与健康，使国家、集体和个人利益免受侵害。

9.2 实施危险化学品事故防范机制

9.2.1 完善监测系统实施动态监测

自然灾害引发的危险化学品事故监测包括两方面，一方面是危险化学品源头的监测，另一方面是可能影响地的监测。过去重视危险化学品源头的监测，忽略对可能影响地的监测，造成损失扩大。

加强自然灾害引发的危险化学品事故应急监测技术储备，对挥发性强、毒性大的危险化学品监测应尽量采用遥感遥测技术和信息解析技术，对环境质量变化实施动态跟踪监视监测。在可能影响范围及其保护范围内建立动态监测站网和监测制度，收到预警信息后针对危险化学品特性制定相应的应急处置方案，对事故影响范围内、风口、水源口以及各主要入河（海）排污口的排污量、水质、土壤、空气质量等实施同步动态监测和危害性分析，以便及时准确地做好事故上报工作，提高自然灾害引发危险化学品事故的快速反应和应急处理能力，给各级政府部门处置危险化学品事故提供决策依据，同时也为保障相应区域居民环境安全提供科学依据。根据自然灾害引发的危险化学品事故影响程度和范围、环境污染情况等制定应急方案。增加投资或融资渠道加大对应急监测能力的投入，设置专项资金购买应急监测硬件设施，针对性地对应急监测人员进行专项培训，提高应对能力，建立健全高效运行的应急监测系统。

9.2.2 进行灾害预测提前防范事故发生

自然灾害是危险化学品事故发生的不可抗拒因素，相关部门应对自然灾害发生进行预测预报，如气象部门可以对降雨、大风、寒潮等气象因素进行预报预测，地震部门对未来发生地震进行预报预测。如果预测预报工作有效，可以大大降低甚至避免由自然灾害引发的危险化学品事故，具有事半功倍的效果与作用。在灾害发生前，人们远离危险化学品储存、运输、生产地，危险化学品储存、运输、生产、销售等企业或部门可以仔细认真地检查危险化学品设备是否安全可靠、是否可以抵抗预报预测的自然灾害、危险化学品和生产原料等是否在安全的地方，监测人员可以及时有效地动态跟踪监测危险化学品相关设施安全程度，政府部门可以提前召集相关部门、应急处置人员等进入处置状态或前置应急处置人员，使相关处置人员在自然灾害最易发生危险化学品事故地待命，保证第一时间在事故处置现场，提高处置效率、降低损失。

9.2.3 建立控制机制防范危险化学品事故发生

自然灾害造成危险化学品安全事故的发生，有不可抗的自然原因，也有人为原因，如危险化学品储存、运输、生产等过程中的有关设备，不按照设计、施工和材料要求进行制造和施工，不按照设计要求进行维护（或维护不及时）和保护，甚至被任意或故意破坏，致使其抵抗自然灾害作用力的能力无法满足设计要求；当自然灾害引发危险化学品事故后，相关人员不遵守安全操作，如采取措施不及时、瞒报、隐瞒等，领导处理不及时或不合理，存在渎职行为，致使危险化学品事故蔓延或损失扩大。

杜绝上述现象的发生，必须建立健全一套覆盖危险化学品储存、运输、生产等过程的安全控制机制并有效执行，定期进行监督检查，防范自然灾害中人为因素导致的危险化学品事故发生和其损失扩大。

9.3 完善法律依据增强安全意识

9.3.1 完善法律法规规章制度

法律、法规、规章制度等是自然灾害引发危险化学品事故防范与应急对策的法律依据，对日常监测与维护、日常预测预报、应急准备、应急对策、应急机构、应急资金、应急状态终止和善后处理以及物资保障等做出明确规定，出台与完善相关法律、法规、规章制度等，有利于更好地开展相关工作。

自然灾害引发的危险化学品事故防范与应急处置应纳入法治化轨道，为建立综合有力、统一指挥、规范有序、科学高效的应急管理和保障体系提供法律依据。协调、完善自然灾害引发的危险化学品事故防范与应急对策相关法规，消除相互矛盾与冲突，使之协调统一。完善或制定自然灾害引发的危险化学品事故防范与应急对策应急状态法，明确需要实行应急状态的条件、程序和应急状态时权力行使，并分别制定有关行业、有关业务的应急处理的单项法律或行政法规，通过立法完善由经济处理、行政措施、法律法规等构成的自然灾害引发危险化学品事故防范与应急对策处理制度。应该尽快制定与完善应急监测技术规范，包括设点、改点、废弃测点、采样分析、数据处理、质量保证等，各级政府及相关职能部门要提高对自然灾害引发危险化学品事故监测工作的重视度。

9.3.2 加强安全宣传增强安全意识

自然界的地震、海啸、火山爆发、台风、龙卷风、洪水、山体滑坡、泥石流、雷击，以及太阳黑子周期性爆发引起的地球大气环流变化等自然灾害，易引发危险化学品事故。在自然灾害发生前、发生时或发生后人们应该远离危险化学品存放、生产、运输等地，提高防护意识、加强个人防护，减少伤害。

应该加强居民、危险化学品行业从业人员以及事故应急处置人员等的危险化学品安全知识教育，减少不必要的伤害。各种处置力量必须杜绝麻痹大意和侥幸心理，认真做好个人防护，有效保障救援处置人员安全，减少不必要的伤害。必须划定一定的警戒范围，严禁无关人员进入，进出需做好登记，以防不测，在自然灾害引发危险化学品事故处置过程中必须做好个人安全防护。可以利用讲座、座谈会、小册子、广播、电视、报纸、手机、微信、自媒体等有关方式加强宣传，使人们知道在自然灾害发生时如何处理、如何避免自然灾害引发危险化学品事故造成的伤害以及造成伤害如何处理等知识。

9.4 建立危险化学品地档案系统

自然灾害引发的危险化学品事故只能发生在自然灾害作用下与危险化学品有关的地方，如储存、运输、生产、销售、使用等地。为了能在自然灾害引发危险化学品事故后快速处置事故，灾害发生前应该建立相关的基础信息资料档案，如自然灾害类型、影响范围、大小和趋势变化，危险化学品储存、运输、生产、销售、使用等的地理位置信息、建筑类型、通道、出口，危险化学品放置位置、名称、数量、形态，储存危险化学品材料设备类型及使用状态等，储存、运输、生产、销售等地周围地形地貌（如山河、交通）、周围建筑、企业及居民分布等，危险化学品的物理化学性质、现场应急监测方法、实验室监测方法、环境标准、应急处理方法、相关领域专家、相关部门领导等。一旦自然灾害引发危险化学品事故，就能清楚地看到发生地点基本情况，快速粗略预测其影响范围，采取有效的防范措施。

这些档案资料应该由专门部门专门人员管理，同时有纸质版和电子版，且进行备份，要不定期完善修改过时的信息，做到档案资料是最新最全的，防止过期的、过时的、不全的档案资料影响应急处置效率，贻误处置战机造成损失扩大。

9.5 编制具有可操作性的应急保障预案

自然灾害引发的危险化学品事故会影响很多行业，不同行业应该根据各自行业的特点编制具有可操作性的应急保障预案，减小危险化学品事故造成的影响和损失。如石油化工企业的输油管线、储油罐等容易在地震或地质灾害发生时造成损坏，城市供水也容易遭受危险化学品事故的影响。这些行业应完善应急管理系统、编制应急保障预案，如建立备用保障机制、加强风险预警、制定应急经营生产预案等。应急保障预案是指在非正常情况下常规保障不足或受阻中断时能够快速启用，以保障生产企业不受影响，如城市供水企业可以安全供水。在编制保障预案时应避免保障结构单一，要制定具有可操作性的生产供应替代方案，包括应急备用物资、流通渠道等，确保在危险化学品事故影响企业生产不能满足社会经济正常运转时，能够快速启用备用保障系统，减小事故危害，维持社会活动的正常运营。

应急保障预案编制完成后，应该进行不定期演练，发现存在的不足或问题，及时进行修改与完善。应急保障预案里过期的元素，要定期更新，使之适应最新情况下危险化学品事故应急保障的要求。因此，操作可行、安全有效的应急保障预案对于减小危险化学品事故的影响、损失至关重要。

思 考 题

1. 危险化学品事故处理系统包括哪些内容？
2. 危险化学品事故防范机制有哪些？
3. 如何完善法律依据增强安全意识？
4. 危险化学品地档案系统具体包括哪些内容？
5. 如何编制具有可操作性的应急保障预案？

10 常用危险化学品处置

众所周知，我国既是一个自然灾害频发的国家，又是危险化学品生产、销售大国，自然灾害引发的危险化学品事故时有发生。自然灾害叠加下的危险化学品事故，给人民生命财产造成了重大损失，使灾害救援及危险化学品安全处置更加困难。了解常用危险化学品在自然灾害救援现场的处置对策与措施至关重要，不仅可以降低自然灾害引发的危险化学品事故伤害、阻止危害蔓延，还可以减轻人民生命财产损失。为此，本章给出了一些常用危险化学品在自然灾害救援现场的处置对策与建议。

10.1 爆炸品

二氧化氯（氧化氯、过氧化氯）

英文名：Chlorine dioxide	分子式：ClO_2 分子量：67.452	危险分类（1.1）：整体爆炸危险品
理化性质	室温为赤黄色、刺激性气味、有毒、不燃可助燃气体；液态时呈红棕色，固体为赤黄色晶体；溶于水水解为亚氯酸和氯酸；沸点 10℃，气体相对密度 2.4；吸入高浓度可发生肺水肿；撞击、摩擦、遇明火或其他火源极易爆炸，与可燃物混合会发生燃烧、爆炸	
应急处置	个体防护：佩戴正压式空气呼吸器，穿封闭式防护服、安全靴，戴防护手套	
	安全评估：事故现场环境安全检测如漏电、氧气含量，动态侦检二氧化氯事故现场浓度、分布以及监测气象变化，关注自然灾害是否持续发生及发展趋势；建立隔离区、警戒区、安全区；协助专业人员处置事故；开展洗消清理工作；依据侦检结果分析提出事故处置措施与建议	
	火灾处置：用大量水灭火，应远距离灭火或使用遥控水枪或水炮灭火；切勿开动已处于火场中的车辆；禁止将水注入容器，避免发生剧烈反应，用大量水冷却设备或着火容器，直至火势扑灭；筑堤收集污水以备处理	
	泄漏处理：远离易燃、可燃物；在确保安全的情况下，关阀、堵漏等，切断泄漏源；防止气体进入下水道、水体、地下室或限制性空间，喷雾状水改变蒸气云流向；若发生大量泄漏，在专家指导下清除	

表(续)

英文名：Chlorine dioxide	分子式：ClO_2 分子量：67.452	危险分类（1.1）：整体爆炸危险品
应急处置	救护：皮肤接触应立即脱去被污染的衣物，用流动清水冲洗，就医；眼睛接触应立即提起眼睑，用流动清水或生理盐水彻底冲洗10～15分钟，就医；吸入应迅速脱离现场至空气新鲜处，保持呼吸道畅通；如呼吸困难，输氧；呼吸、心跳停止，立即进行心肺复苏，就医	
	疏散距离：紧急隔离至少500 m，下风疏散至少1500 m；火场内如有油罐、槽车或罐车，隔离800 m	

10.2 气体

10.2.1 一氧化碳

英文名：Carbon monoxide	分子式：CO 分子量：28.0101	危险分类（2.1）：易燃气体
理化性质	无色、无臭、无味、易燃、有毒气体，吸入因缺氧致死，微溶于水；气体相对密度0.97，爆炸极限12%～74%；在空气中燃烧时火焰为蓝色，与空气混合形成爆炸性混合物，遇明火、高热燃烧爆炸	
应急处置	个体防护：佩戴正压式自给式呼吸器，穿简易式防护服	
	安全评估：一氧化碳事故现场漏电、氧气检测，实时侦检一氧化碳事故现场浓度、分布以及监测气象变化，关注自然灾害是否持续发生及发展趋势；建立隔离区、警戒区、安全区；协助专业人员进行应急处置，包括火灾、泄漏、爆炸等事故处置和进行救护等；开展洗消清理工作；根据侦检结果提出事故处置措施与建议	
	火灾处置：用干粉、二氧化碳、雾状水、泡沫等灭火；在确保安全的前提下，将容器移离火场；若不能切断泄漏气源，则不允许熄灭泄漏处的火焰；用大量水冷却邻近设备或着火容器，直至火势扑灭；毁损容器由专业人员处置	
	泄漏处理：撤离泄漏污染区人员到安全区，禁止无关人员进入，隔离泄漏区直至气体散尽；消除所有火源，在确保安全的情况下，关阀、堵漏等，切断泄漏源；使用防爆通信工具，所有设备应接地；防止气体通过通风系统扩散或进入限制性空间；喷雾状水稀释泄漏气体，改变蒸气云流向	
	救护：吸入应迅速脱离现场至空气新鲜处，保持呼吸道畅通；呼吸困难，给氧；呼吸停止，立即人工呼吸，就医；高压氧治疗	
	疏散距离：紧急隔离至少200 m，下风疏散至少1000 m；火场内如有油罐、槽车或罐车，隔离1600 m	

10.2.2 乙炔（风煤、电石气）

英文名：Acetylene	分子式：C_2H_2 分子量：26.037	危险分类（2.1）：易燃气体
理化性质	纯乙炔为无色无味的易燃气体，电石制的乙炔因混有硫化氢、磷化氢、砷化氢而有毒，并且带有特殊的臭味；微溶于水，溶于乙醇、丙酮、氯仿、苯等，混溶于乙醚；气体相对密度0.91，爆炸极限2.1%~80%；遇热、明火或氧化剂易着火，遇热、明火或自发的化学反应会引起爆炸；与许多物质会形成爆炸性混合物	
应急处置	个体防护：泄漏状态下佩戴正压式空气呼吸器，火灾时佩戴简易滤毒罐，穿简易防化服，戴防化手套	
	安全评估：漏电、氧气检测，侦检事故现场乙炔浓度、分布以及监测气象变化，关注自然灾害是否持续发生及发展趋势；协助开展专业应急处置；开展洗消工作；提出事故处置措施与建议，如开展、中止救援行动建议	
	火灾处置：用干粉、二氧化碳、雾状水、抗溶性泡沫等灭火；在确保安全的前提下，将容器移离火场；若不能切断泄漏气源，不允许熄灭泄漏处火焰；尽可能远距离或使用遥控水枪或水炮扑救，用大量水冷却设备或着火容器，直至火势扑灭；容器突然发出异常声音或发生异常现象，立即撤离	
	泄漏处理：消除所有点火源；在确保安全的情况下，关阀、堵漏等，切断泄漏源；使用防爆通信工具，作业时所有设备应接地；防止气体通过通风系统扩散或进入限制性空间；喷雾状水稀释泄漏气体；隔离泄漏区直至气体散尽	
	救护：吸入应迅速脱离现场至空气新鲜处，保持呼吸道畅通；如呼吸困难；输氧；呼吸、心跳停止，立即进行心肺复苏，就医	
	疏散距离：污染范围不明的情况下，初始隔离至少100 m，下风疏散至少800 m；火场内如有储罐、槽车或罐车，隔离1600 m	

10.2.3 硫化氢

英文名：Hydrogen sulfide	分子式：H_2S 分子量：34.08	危险分类（2.1）：易燃气体
理化性质	无色、有特殊臭味（臭鸡蛋）、有毒、极易燃、溶于水的气体，是强烈的神经毒物，对黏膜有强烈的刺激作用；浓度高时没有气味但吸入可致死；与空气混合形成爆炸性混合物，遇明火、高热燃烧爆炸；气体比空气重，能在较低处扩散到相当远的地方，遇火源着火燃烧	

表（续）

英文名：Hydrogen sulfide	分子式：H_2S　分子量：34.08	危险分类（2.1）：易燃气体
应急处置	个体防护：佩戴正压式自给式呼吸器，穿内置式重型防护服	
	安全评估：事故现场漏电、氧气检测，侦检硫化氢事故现场浓度、分布以及监测气象变化，关注自然灾害是否持续发生及发展趋势；建立隔离区、警戒区、安全区；协助专业人员开展处置工作；开展洗消工作；依侦检结果提出事故处置措施与建议	
	火灾处置：用干粉、二氧化碳、雾状水、泡沫等灭火；在确保安全的前提下，将容器移离火场；若不能切断泄漏气源，不允许熄灭泄漏处火焰；用大量水冷却邻近设备或着火容器，直至火势扑灭；容器突然发出异常声音或发生异常现象，立即撤离；毁损容器由专业人员处置	
	泄漏处理：消除所有火源；在确保安全的情况下，关阀、堵漏等，切断泄漏源；使用防爆通信工具，所有设备应接地；防止气体进入下水道、通风系统扩散或进入限制性空间；喷雾状水吸收或稀释泄漏气体，隔离泄漏区直至气体散尽，可考虑引燃泄漏物以减少有毒气体扩散	
	救护：眼睛接触应立即提起眼睑，用流动清水或生理盐水冲洗 10~15 分钟，就医；吸入应迅速脱离现场至空气新鲜处，保持呼吸道畅通；呼吸困难，吸氧；呼吸停止，人工复苏，就医；高压氧治疗	
	疏散距离：紧急隔离至少 500 m，下风疏散至少 1500 m；大规模井喷失控时，初始隔离至少 1000 m，下风疏散至少 2000 m；火场内如有油罐、槽车或罐车，隔离 1600 m	

10.2.4 天然气

英文名：Natural gas	主要成分：烃类和非烃类气体	危险分类（2.1）：易燃气体
理化性质	无色、不溶于水、极易燃气体；当混有硫化氢时，有强烈的刺鼻臭味；气体相对密度 0.7~0.75，爆炸极限 5%~15%；与空气混合形成爆炸性混合物，遇热源和明火有燃烧爆炸危险	
应急处置	个体防护：泄漏状态下佩戴正压式空气呼吸器；火灾时可佩戴简易滤毒罐，穿简易防护服，戴手套，穿防护安全靴；处理液化气体时，应穿防寒服	
	安全评估：漏电、氧气检测，侦检事故现场天然气浓度、污染范围以及监测气象变化，关注自然灾害是否持续发生及发展趋势；协助消防、技术人员、医疗、公安等应急处置；开展洗消清理工作；依侦检结果提出处置措施与建议	

表（续）

英文名：Natural gas	主要成分：烃类和非烃类气体	危险分类（2.1）：易燃气体
应急处置	火灾处置：用干粉、二氧化碳、雾状水、泡沫等灭火；在确保安全的前提下，将容器移离火场；若不能切断泄漏气源，则不允许熄灭泄漏处的火焰；储罐火灾，应远距离灭火或使用遥控水枪或水炮扑救，用大量水冷却容器，直至火势扑灭；容器突然发出异常声音或发生异常现象，立即撤离，切勿在储罐两端停留	
	泄漏处理：迅速撤离泄漏污染区人员到安全区；消除所有火源，在确保安全的情况下，关阀、堵漏等，切断泄漏源；使用防爆通信工具，所有设备应接地；防止气体通过通风系统扩散或进入限制性空间，喷雾状水稀释漏出气，改变蒸气云流向，隔离泄漏区直至气体散尽	
	救护：皮肤接触如发生冻伤，患部浸泡于38～42 ℃温水中复温，用清洁、干燥的敷料包扎，就医；吸入应迅速脱离现场至空气新鲜处，保持呼吸道畅通；呼吸困难，给氧；呼吸停止，应立即人工呼吸，就医	
	疏散距离：紧急隔离至少100 m，下风疏散至少800 m；大口径输气管道泄漏，初始隔离至少1000 m，下风疏散至少1500 m；火场内如有油罐、槽车或罐车，隔离1600 m	

10.2.5 丙烯

英文名：Propylene	分子式：C_3H_6　分子量：42.081	危险分类（2.1）：易燃气体
理化性质	无色、略带烃类特有气味、极易燃气体；溶于乙醇、微溶于水，能与空气形成爆炸性混合物；催化剂（酸等）或引发剂（有机过氧化物等）存在时，易发生聚合，放出大量热量；遇热源和明火有燃烧爆炸危险；气体相对密度1.5，比空气重，沿地面扩散，并在低洼处或限制性空间聚集；爆炸极限1.0%～15.0%	
应急处置	个体防护：泄漏状态下佩戴正压式空气呼吸器，火灾时佩戴简易滤毒罐；穿简易防化服，戴防化手套，穿防化安全靴；处理液化气时，应穿防寒服	
	安全评估：事故现场环境安全检测如漏电、氧气含量，侦检丙烯浓度、分布以及监测气象变化，关注自然灾害是否持续发生及发展趋势；建立隔离区、危险区、安全区；协助专业人员开展处置工作；开展洗消清理工作；根据侦检结果提出事故应急处置措施与建议，如中止、开展救援行动建议	

表（续）

英文名：Propylene	分子式：C_3H_6　分子量：42.081	危险分类（2.1）：易燃气体
应急处置	火灾处置：用干粉、二氧化碳、雾状水、泡沫等灭火；在确保安全的前提下，将容器移离火场；若不能切断泄漏气源，不允许熄灭泄漏处火焰；尽可能远距离或使用遥控水枪或水炮扑救，用大量水冷却设备或着火容器，直至火势扑灭；容器突然发出异常声音或发生异常现象，立即撤离，切勿在储罐两端停留	
	泄漏处理：消除所有点火源；在确保安全的情况下，关阀、堵漏等，切断泄漏源；使用防爆通信工具，作业时所有设备应接地；构筑围堤或挖槽收容泄漏物，防止进入水体、下水道、地下室或限制性空间；雾状水改变蒸气云流向；隔离泄漏区直至气体散尽	
	救护：皮肤接触如发生冻伤，将患部浸泡于38~42 ℃的温水中，不要涂擦，不要使用热水浸泡、擦洗或辐射热处理，使用清洁、干燥的敷料包扎，就医；眼睛接触应立即提起眼睑，用流动清水或生理盐水冲洗，就医；吸入应迅速脱离现场至空气新鲜处，保持呼吸道畅通；如呼吸困难，输氧；呼吸、心跳停止，应立即进行心肺复苏，就医	
	疏散距离：污染范围不明的情况下，初始隔离至少100 m，下风疏散至少800 m；火场内如有储罐、槽车或罐车，隔离1600 m；在上风处停留，切勿进入低洼处	

10.2.6　二氧化硫（亚硫酸酐）

英文名：Sulfur dioxide	分子式：SO_2　分子量：64.07	危险分类（2.3）：毒性气体
理化性质	无色、有毒、不燃、刺激性气味的气体，对眼及呼吸道黏膜有强烈的刺激作用；沸点−10 ℃，相对密度2.25；60 ℃以上与氯酸钾反应时，生成二氧化氯；遇水反应生成亚硫酸，具有腐蚀性；二氧化硫的乙醇或乙醚溶液在室温下接触氯酸钾即发生爆炸；与碱性物质发生放热中和反应	
应急处置	个体防护：佩戴正压式自给式呼吸器，穿封闭式防护服	
	安全评估：二氧化硫事故现场漏电、氧气检测，侦检二氧化硫浓度、气象等变化，关注自然灾害是否持续发生及发展趋势；建立隔离区、危险区、安全区；协助专业人员处置；开展洗消清理工作；根据侦检结果提出事故处置措施与建议	
	火灾处置：根据着火原因选择适当灭火剂灭火；在确保安全的前提下，将容器移离火场，禁止将水注入容器，用大量水冷却容器，直至火势扑灭；钢瓶容器突然发出异常声音或发生异常现象，立即撤离；毁损钢瓶由专业人员处理	

表(续)

英文名：Sulfur dioxide	分子式：SO_2　分子量：64.07	危险分类（2.3）：毒性气体
应急处置	泄漏处理：迅速撤离泄漏污染区人员到安全区，禁止无关人员进入污染区，直至气体散尽；在确保安全的情况下，关阀、堵漏等，切断泄漏源；防止气体通过下水道、通风系统扩散或进入限制性空间；喷雾状水溶解、稀释泄漏气体	
	救护：皮肤接触应立即脱去被污染的衣物，用流动清水冲洗，就医；眼睛接触应立即提起眼睑，用流动清水或生理盐水冲洗，就医；吸入应迅速脱离现场至空气新鲜处，保持呼吸道畅通，必要时人工呼吸，就医	
	疏散距离：紧急隔离至少 500 m，下风疏散至少 1500 m；火场内如有油罐、槽车或罐车，隔离 1600 m	

10.2.7 液氯（氯气、氯）

英文名：Chlorine	分子式：Cl_2　分子量：70.90	危险分类（2.3）：毒性气体
理化性质	常温常压下为黄绿色、刺激性气味、不燃、可助燃的有毒气体；液氯为金黄色；微溶于水，生成次氯酸和盐酸；气体相对密度 2.5，可沿地面扩散，聚集在低洼处；吸入高浓度可致死，包装容器受热有爆炸危险	
应急处置	个体防护：佩戴正压式自给式呼吸器，穿内置式重型防护服；处理液化气体时，应穿防寒服	
	安全评估：环境安全检测，如是否漏电、氧气含量是否正常，侦检液氯事故现场浓度、分布以及监测气象变化，关注自然灾害是否持续发生及发展趋势；协助专业人员进行应急处置，包括火灾、泄漏、爆炸、救护等；开展洗消清理工作；依据侦检结果及相关信息提出处置措施与建议	
	火灾处置：根据着火原因选择适当灭火剂灭火；在确保安全的前提下，将容器移离火场；用大量水冷却容器，直至火势扑灭；钢瓶容器突然发出异常声音或发生异常现象，立即撤离；毁损钢瓶由专业人员处理	
	泄漏处理：在确保安全的情况下，关阀、堵漏等，切断泄漏源；储罐或槽车泄漏，通过倒罐转移尚未泄漏的液体；钢瓶泄漏，转动钢瓶，使泄漏部位位于氯的气态空间，若无法修复，可将钢瓶浸入碱液池中；喷雾状水吸收溢出气体，收集产生的废水；高浓度泄漏区，喷氢氧化钠等稀碱液中和；远离易燃、可燃物	
	救护：皮肤接触应立即脱去被污染的衣物，用流动清水冲洗，就医；眼睛接触应立即提起眼睑，用流动清水或生理盐水冲洗，就医；吸入应迅速脱离现场至空气新鲜处，保持呼吸道畅通；呼吸困难，吸氧；呼吸停止，人工复苏，就医	
	疏散距离：紧急隔离至少 500 m，下风疏散至少 1500 m；火场内如有油罐、槽车或罐车，隔离 800 m	

10.2.8 氯甲烷（一氯甲烷、甲基氯）

英文名：Chloromethane	分子式：CH_3Cl 分子量：50.5	危险分类（2.3）：毒性气体
理化性质	无色、易液化、有弱的醚味气体；易溶于水，与醇、氯仿、乙醚、冰醋酸混溶；受高热分解，释放有毒气体；与空气混合能形成爆炸性混合物，遇火花或高热能引起爆炸，并生成光气，接触铝及其合金生成自燃的铝化合物；气体相对密度 1.78，爆炸极限 8.1%~17.2%	
应急处置	个体防护：佩戴正压式空气呼吸器，穿封闭式防化服；处理液化气体时，应穿防寒服	
	安全评估：氯甲烷现场漏电、氧气等检测，侦检氯甲烷浓度、分布以及监测气象、水文等变化，关注自然灾害是否持续发生及发展趋势；建立隔离区、危险区、安全区；协助专业部门、人员进行应急处置工作；开展洗消清理工作；根据侦检结果提出事故应急处置措施与建议，如中止救援行动建议	
	火灾处置：用干粉、二氧化碳、雾状水、泡沫等灭火；若不能切断泄漏气源，不允许熄灭泄漏处火焰；在确保安全的前提下，将容器移离火场；尽可能远距离或使用遥控水枪或水炮扑救，用大量水冷却设备或着火容器，直至火势扑灭；容器突然发出异常声音或发生异常现象，立即撤离	
	泄漏处理：消除所有点火源；在确保安全的情况下，关阀、堵漏等，切断泄漏源；使用防爆通信工具，作业时所有设备应接地；构筑围堤或挖槽收容泄漏物，防止进入水体、下水道、地下室或限制性空间；喷雾状水改变蒸气云流向；隔离泄漏区直至气体散尽	
	救护：皮肤接触如发生冻伤，将患部浸泡于 38~42 ℃的温水中，不要涂擦，不要使用热水浸泡、擦洗或辐射热处理，使用清洁、干燥的敷料包扎，就医；眼睛接触应立即提起眼睑，用流动清水或生理盐水冲洗，就医；吸入应迅速脱离现场至空气新鲜处，保持呼吸道畅通；如呼吸困难，输氧；呼吸、心跳停止，立即进行心肺复苏，就医	
	疏散距离：污染范围不明的情况下，初始隔离至少 200 m，下风疏散至少 1000 m；火场内如有储罐、槽车或罐车，隔离 1600 m；切勿进入低洼处，进入密闭空间之前必须先通风	

10.2.9 光气（碳酰氯）

英文名：Phosgene	分子式：$COCl_2$ 分子量：98.916	危险分类（2.3）：毒性气体
理化性质	无色至淡黄色、强烈刺激性气味、有毒、不燃气体，吸入可致死；易液化，微溶于水，并逐渐水解；潮湿空气中会发生水解反应，生成腐蚀性的氢氯酸；沸点 8.2 ℃，气体相对密度 3.5	

表（续）

英文名：Phosgene	分子式：$COCl_2$　分子量：98.916	危险分类（2.3）：毒性气体
应急处置	个体防护：佩戴正压式空气呼吸器，穿内置式重型防护服，戴防护手套，穿防护安全靴	
	安全评估：漏电、氧气检测，侦检光气事故现场浓度、分布以及监测气象变化，关注自然灾害是否持续发生及发展趋势；建立隔离区、警戒区、安全区等，疏散无关人员；协助专业人员开展应急处置；开展洗消清理工作；提出事故处置措施与建议，如开展、中止救援行动	
	火灾处置：根据着火原因选择适当灭火剂灭火；若未着火，立即将发生事故设备内的剧毒物料导入安全区域容器；用大量水冷却设备或着火容器，直至火势扑灭；禁止将水注入容器，毁损容器由专业人员处置	
	泄漏处理：迅速撤离污染区人员到安全区，禁止无关人员进入；在确保安全的情况下，关阀、堵漏等，切断泄漏源；防止气体进入下水道、水体、地下室或限制性空间；喷雾状水溶解、稀释漏出气；高浓度泄漏区，喷氨水或其他稀碱液中和，隔离泄漏区直至气体散尽；若发生大量泄漏，在专家指导下清除	
	救护：皮肤接触应立即脱去被污染的衣物，用流动清水冲洗，就医；眼睛接触应立即提起眼睑，用流动清水或生理盐水彻底冲洗，就医；吸入应迅速脱离现场至空气新鲜处，保持呼吸道畅通；如呼吸困难，输氧；呼吸、心跳停止，应立即进行心肺复苏，就医；注意防治肺水肿	
	疏散距离：紧急隔离至少 500 m，下风疏散至少 1500 m；火场内如有油罐、槽车或罐车，隔离 1600 m	

10.2.10　氢（氢气）

英文名：hydrogen	分子式：H_2　分子量：2.01588	危险分类（2.3）：毒性气体
理化性质	无色、无臭、很难液化的气体；液态氢气无色透明，极易扩散和渗透，微溶于水，不溶于乙醇、乙醚；气体比空气轻，与空气混合能形成爆炸性混合物，遇热或明火即爆炸；在室内使用或储存时，漏气上升滞留屋顶不易排出，遇火星会引起爆炸；氢气与氟、氯、溴等卤素接触会发生剧烈反应	
应急处置	个体防护：泄漏状态下佩戴正压式空气呼吸器，火灾时佩戴简易滤毒罐，穿简易防化服	
	安全评估：事故现场是否存在漏电、氧气含量等检测，侦检氢（氢气）浓度、分布以及监测气象变化，关注自然灾害是否持续发生及发展趋势；协助专业人员、机构开展应急处置；开展洗消清理工作；根据侦检结果提出事故处置措施与建议	

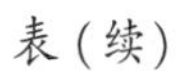

英文名：hydrogen	分子式：H_2　分子量：2.01588	危险分类（2.3）：毒性气体
应急处置	火灾处置：用干粉、二氧化碳、雾状水、抗溶性泡沫等灭火；在确保安全的前提下，将容器移离火场；若不能切断泄漏气源，不允许熄灭泄漏处火焰；尽可能远距离或使用遥控水枪或水炮扑救，用大量水冷却设备或着火容器，直至火势扑灭；容器突然发出异常声音或发生异常现象，立即撤离	
	泄漏处理：消除所有点火源；在确保安全的情况下，关阀、堵漏等，切断泄漏源；使用防爆通信工具，作业时所有设备应接地；防止气体通过通风系统扩散或进入限制性空间；喷雾状水稀释泄漏气体；隔离泄漏区直至气体散尽	
	救护：吸入应迅速脱离现场至空气新鲜处，保持呼吸道畅通；如呼吸困难，输氧；呼吸、心跳停止，立即进行心肺复苏，就医	
	疏散距离：污染范围不明的情况下，初始隔离至少 100 m，下风疏散至少 800 m；火场内如有储罐、槽车或罐车，隔离 1600 m	

10.3 易燃液体

10.3.1 汽油

英文名：Petrol Gasoline	主要成分：烯烃	危险分类（3.1）：低闪点液体
理化性质	高度易燃、无色到浅黄色的透明液体；相对密度 0.7~0.8，闪点-58~10 ℃，爆炸极限 1.4%~7.6%；蒸气与空气混合，形成爆炸性混合物；流速快，容易产生和积聚静电，受热容器有爆炸危险	
应急处置	个体防护：泄漏状态下佩戴正压式空气呼吸器，火灾时可佩戴简易滤毒罐，穿简易防护服，戴手套，穿防护安全靴	
	安全评估：事故现场漏电、氧气等检测，侦检事故现场汽油浓度、气象等变化，关注自然灾害是否持续发生及发展趋势；建立隔离区、危险区、安全区；协助专业人员工作；开展洗消清理工作；根据侦检结果提出处置措施与建议	
	火灾处置：消除所有点火源；用干粉、二氧化碳、泡沫等灭火；在确保安全的前提下，将容器移离火场；储罐、公路/铁路槽车火灾，尽可能远距离灭火或使用遥控水枪或水炮扑救；用大量水冷却容器，直至火势扑灭；容器突然发出异常声音或发生异常现象，立即撤离，切勿在储罐两端停留	

表(续)

英文名：Petrol Gasoline	主要成分：烯烃	危险分类（3.1）：低闪点液体
应急处置	泄漏处理：使用防爆通信工具，所有设备应接地；在安全的情况下，关阀、堵漏，切断泄漏源；小量泄漏，用沙土或其他不燃材料吸收泄漏物；大量泄漏，筑堤或挖槽收容泄漏物，用泡沫覆盖，减少挥发；如果储罐发生泄漏，通过倒罐转移尚未泄漏的汽油；如果海上或水域发生溢油事故，布放围油栏引导或遏制溢油，防止溢油扩散，使用撇油器、吸油棉或消油剂清除溢油	
	救护：皮肤接触应立即脱去被污染的衣物，用清水冲洗，就医；眼睛接触应立即提起眼睑，用流动清水冲洗 10~15 分钟，就医；吸入应迅速脱离现场至空气新鲜处，保持呼吸道畅通；呼吸困难，给氧；呼吸停止，立即人工呼吸，就医；食入饮水，就医	
	疏散距离：紧急隔离至少 50 m，下风疏散至少 300 m；大量泄漏，初始至少 500 m，下风疏散至少 1000 m；如有油罐、槽车或罐车，隔离 800 m	

10.3.2 苯

英文名：Benzene	分子式：C_6H_6　分子量：78.11	危险分类（3.2）：中闪点液体
理化性质	苯是一种石油化工基本原料，致癌毒性的无色透明中闪点液体，并带有强烈的芳香气味；为有机溶剂，微溶于水，易溶于有机溶剂；与硝酸、浓硫酸、高锰酸钾等氧化剂反应；熔点 5.5 ℃，沸点 80.1 ℃，相对密度 0.88，闪点−11 ℃，爆炸极限 1.2%~8.0%	
应急处置	个体防护：佩戴全防型滤毒罐，穿封闭式防化服	
	安全评估：检测事故现场漏电、氧气等，侦检苯浓度、分布以及监测气象变化，关注自然灾害是否持续发生及发展趋势；建立隔离区、危险区、安全区；协助专业部门、人员开展应急处置；开展洗消清理工作；根据侦检结果提出事故应急处置措施与建议	
	火灾处置：闪点很低，用水灭火无效，用干粉、二氧化碳、泡沫等灭火；在确保安全的前提下，将容器移离火场；尽可能远距离或使用遥控水枪或水炮扑救，用大量水冷却设备或着火容器，直至火势扑灭；容器突然发出异常声音或发生异常现象，立即撤离，切勿在储罐两端停留	
	泄漏处理：消除所有点火源；在确保安全的情况下，关阀、堵漏等，切断泄漏源；使用防爆通信工具，作业时所有设备应接地；构筑围堤或挖槽收容泄漏物，防止进入水体、下水道、地下室或限制性空间；用泡沫覆盖，减少挥发；用沙土或其他不燃材料吸收泄漏物；如果储罐发生泄漏，通过倒罐转移尚未泄漏的液体	

表（续）

英文名：Benzene	分子式：C_6H_6　分子量：78.11	危险分类（3.2）：中闪点液体
应急处置	救护：皮肤接触应立即脱去被污染的衣物，用流动清水彻底冲洗皮肤，就医；眼睛接触应立即提起眼睑，用流动清水或生理盐水冲洗，就医；吸入应迅速脱离现场至空气新鲜处，保持呼吸道畅通；如呼吸困难，输氧；呼吸、心跳停止，立即进行心肺复苏，禁用肾上腺素，就医；食入饮水，禁止催吐，就医	
	疏散距离：污染范围不明的情况下，初始隔离至少 50 m，下风疏散至少 300 m；火场内如有储罐、槽车或罐车，隔离 800 m	

10.3.3 甲醇（水酒精）

英文名：Methanol，Methyl，Alcohol	分子式：CH_4O　分子量：32.04	危险分类（3.2）：中闪点液体
理化性质	无色透明、刺激性气味、易燃液体；蒸气比空气重，能在较低处扩散到相当远的地方，遇火会着火回燃；与空气形成爆炸性混合物，遇明火、高热燃烧爆炸；与氧化剂接触发生化学反应或引起燃烧；在火场中，受热容器有爆炸危险	
应急处置	个体防护：佩戴自给式正压式呼吸器，穿全身隔离的防蒸气防护服	
	安全评估：开展漏电、氧气检测，侦检事故现场甲醇浓度及其分布范围、气象变化，关注自然灾害是否持续发生及发展趋势；确定隔离区、危险区、安全区；协助专业人员进行相应处置；开展洗消清理工作；评估事故现场安全状态并提出处置措施与建议	
	火灾处置：使用二氧化碳、干粉、抗溶泡沫、沙土等灭火；喷水冷却容器，直至灭火结束，将容器从火场移至空旷处；火场中容器若变色或安全泄压装置产生声音，马上撤离；小火使用二氧化碳、雾状水、干粉、抗溶泡沫等灭火；大火用雾状水、抗溶泡沫等灭火；特大型火灾使用自动遥控水龙头，如无法控制大火，应撤离火场，让其燃烧；围堤收容灭火废水，待处理	
	泄漏处理：排除一切火源，处理泄漏的所有工具均应接地，不要接触泄漏物；在没有危险的情况下堵漏；雾状水、泡沫可减少蒸气，但在密闭空间内不能阻止着火；防止泄漏物进入下水道、地下室或狭窄空间；小量泄漏用沙土或其他不燃物质吸收，然后使用清洁不产生火花的工具将其装入容器；大量泄漏构筑围堤或挖坑收容，再作处理	
	救护：皮肤接触立即脱去被污染的衣物，用肥皂水和流动清水清洗皮肤；眼睛接触立即提起眼睑，用流动清水或生理盐水冲洗，就医；吸入应迅速脱离现场至空气新鲜处，保持呼吸道畅通；如呼吸困难、输氧，如呼吸停止，立即人工呼吸，就医；食入，饮足量温水、催吐，用清水或 1% 硫代硫酸钠溶液洗胃，就医	
	疏散距离：紧急隔离至少 200 m；大泄漏疏散至少 500 m	

10.3.4 乙醇（酒精）

英文名：Ethanol	分子式：C_2H_6O 分子量：46.07	危险分类（3.2）：中闪点液体
理化性质	无色透明、有酒香和刺激性辛辣味、溶于水、中闪点易燃液体；沸点 78.3 ℃，相对密度 0.789，闪点 13 ℃，爆炸极限 3.3%~19%；与空气混合能形成爆炸性混合物，遇明火、高热能引起燃烧爆炸；蒸气比空气重，能在较低处扩散到相当远的地方，遇火源会着火回燃，受热容器有爆炸危险	
应急处置	个体防护：佩戴简易滤毒罐，穿简易防护服，戴防护手套，穿防护安全靴	
	安全评估：事故现场漏电、氧气检测，侦检事故现场乙醇（酒精）浓度、分布以及监测气象变化，关注自然灾害是否持续发生及发展趋势；建立隔离区、危险区、安全区，疏散无关人员并洗消处置；协助开展专业处置；开展洗消清理工作；评估事故现场安全状态并提出处置措施与建议	
	火灾处置：用干粉、二氧化碳、雾状水、抗溶性泡沫等灭火；在确保安全的前提下，将容器移离火场；储罐、公路/铁路槽车火灾，应远距离灭火或使用遥控水枪或水炮灭火，用大量水冷却设备或着火容器，直至火势扑灭；容器突然发出异常声音或发生异常现象，立即撤离，切勿在储罐两端停留	
	泄漏处理：消除所有点火源；在确保安全的情况下，关阀、堵漏等，切断泄漏源；使用防爆通信工具，作业时所有设备应接地；构筑围堤或挖沟槽收容泄漏物，防止气体进入下水道、水体、地下室或限制性空间；用雾状水溶解稀释挥发的蒸气，用抗溶性泡沫覆盖泄漏物，减少挥发，用沙土或其他不燃材料吸收泄漏物；如果储罐发生泄漏，可通过倒罐转移尚未泄漏的液体	
	救护：皮肤接触应立即脱去被污染的衣物，用流动清水冲洗；眼睛接触应立即提起眼睑，用流动清水或生理盐水冲洗；吸入应迅速脱离现场至空气新鲜处，就医；食入饮足量温水，催吐，就医	
	疏散距离：紧急隔离至少 100 m，下风疏散至少 500 m；火场内如有油罐、槽车或罐车，隔离 800 m	

10.3.5　甲苯

英文名：Toluene，Metyl benzene	分子式：C_7H_8　分子量：92.130	危险分类（3.2）：中闪点液体
理化性质	无色、易燃易挥发、气味似苯、不溶于水的中闪点液体；蒸气与空气可形成爆炸性混合物，遇明火、高热或氧化剂易着火引起燃烧爆炸，与氧化剂能发生强烈反应；流速过快（超过3 m/s）容易产生和积聚静电；蒸气比空气重，能在较低处扩散到相当远的地方；与乙醇、氯仿、乙醚、丙酮、冰醋酸、二硫化碳等混溶	
应急处置	个体防护：佩戴自给式正压式呼吸器，穿防毒防护服	
	安全评估：检测现场漏电、氧气含量，侦检事故现场甲苯浓度、分布以及监测气象变化，关注自然灾害是否持续发生及发展趋势；建立隔离区、危险区、安全区；协助专业人员开展处置工作；开展洗消清理工作；根据侦检结果提出事故应急处置措施与建议	
	火灾处置：喷水冷却容器，将容器移离火场到空旷处，火场中的容器若变色或安全泄压装置产生声音，必须马上撤离	
	泄漏处理：迅速撤离污染区人员并进行洗消处理，严格限制无关人员、车辆出入；切断火源，堵塞或切断泄漏源，不要直接接触泄漏物；小量泄漏用活性炭或其他惰性材料吸收，也可以用不燃性分散剂制成的乳液洗刷，洗液稀释后排入废水系统；大量泄漏构筑围堤或挖坑收容，用泡沫覆盖，降低蒸气危害，用防爆泵转移至槽车或专用收集器内	
	救护：吸入较高浓度蒸气者应立即脱离现场至空气新鲜处；有症状者给予吸氧，密切观察病情变化，对症处理，可用葡萄糖醛酸；有意识障碍或抽搐时注意防治脑水肿，心跳未停止者忌用肾上腺素；直接吸入液体者给予吸氧，应用抗生素预防肺部感染，对症处理，如出现全身症状，需及时处理并就医	
	疏散距离：紧急隔离至少100 m；大泄漏疏散至少300 m	

10.3.6　输油管道烯烃

英文名：Alkene	烯烃	危险分类（3.1）：低闪点液体
应急处置	个体防护：佩戴空气呼吸器（滤毒罐式防毒面具），穿防静电工作服	
	安全评估：检测事故现场漏电、氧气含量，侦检油蒸气浓度、气象变化，关注自然灾害是否持续发生及发展趋势；建立隔离区、危险区、安全区，组织人员撤离；协助处置火灾、泄漏、爆炸、救护等；开展洗消清理工作；评估救援现场事故安全状态并提出处置措施与建议	

表（续）

英文名：Alkene	烯烃	危险分类（3.1）：低闪点液体
应急处置	现场警戒：根据危险情况了解及侦检结果，设立危险区域，做好现场警戒，在通往事故现场的主要干道协助实施交通管制，设置明显警示标志	
	疏散救生：设立安全区、隔离区，组织引导污染重危区以及泄漏、破裂管线等周围人员迅速撤离现场，消除明火、火源，切断电源，疏散过程中主要配合公安机关开展工作，防止群众恐慌、乱跑	
	火灾处置：如果未发生火灾，应随时做好扑火准备，向油蒸气喷射雾状水，加速油蒸气向高空扩散，并利用水雾掩护抢险堵漏、维修人员，用泡沫覆盖泄漏油，抑制油蒸气挥发；如果发生火灾或爆炸，应提请消防或专业灭火人员处置，协助做好辅助工作，如疏散、警戒等	
	泄漏处理：立即通知输油管道管理单位停止输油作业，关闭泄漏管线两端阀门，协助专业技术人员堵漏、维修破裂管道；就地取土筑堤堵截泄漏油品扩散，将其引流到合适地点；现场开挖集油坑，协调相关部门调集足够数量油罐车到场，选用防爆型油泵或隔膜泵将泄漏油品抽入槽车，利用泡沫枪、喷雾水枪掩护输转应急人员	
	救护：皮肤接触应立即脱去被污染的衣物，用流动清水冲洗至少 15 分钟，就医；眼睛接触应立即提起眼睑，用流动清水或生理盐水冲洗，就医；吸入应迅速脱离现场至空气新鲜处，保持呼吸道畅通，必要时人工呼吸，就医；误服者充分漱口、饮水，就医	
	疏散距离：紧急隔离至少 50 m；疏散至少 100 m	

10.3.7 煤焦油（煤膏）

英文名：Coal tar	烯烃	危险分类（3.2）：中闪点液体
理化性质	具特殊臭味、可燃、燃烧不强烈、有腐蚀性、黑色黏稠液体；中闪点，微溶于水；溶于苯、乙醇、乙醚、氯仿、丙酮等多种有机溶剂；蒸气与空气可形成爆炸性混合物，遇明火、高热极易燃烧爆炸，与氧化剂接触猛烈反应；若遇高热，容器内压力增大，有开裂和爆炸危险	
应急处置	个体防护：佩戴自给式呼吸器，穿防护服，戴防护眼镜与手套	
	安全评估：现场环境安全检测如漏电、氧气含量，侦检事故现场煤焦油（煤膏）浓度、分布以及监测气象变化，关注自然灾害是否持续发生及发展趋势；建立隔离区、危险区、安全区，疏散无关人员；协助专业人员开展处置工作；开展洗消清理工作；评估事故现场安全状态并提出处置措施与建议	

表(续)

英文名：Coal tar	烯烃	危险分类（3.2）：中闪点液体
应急处置	火灾处置：用雾状水、泡沫、干粉、二氧化碳、沙土灭火；废弃物建议用焚烧法处理	
	泄漏处理：切断火源，在确保安全的情况下尽快堵漏；喷水雾会减少蒸发，但不能降低泄漏物在受限空间内的易燃性；用沙土或其他不燃性吸附剂混合吸收，收集运至废弃物处理场所处置；如大量泄漏，利用围堤收容，然后收集、转移、回收或无害处理后废弃	
	救护：皮肤接触应立即脱去被污染的衣物，用流动清水冲洗至少 15 分钟，就医；眼睛接触应立即提起眼睑，用流动清水或生理盐水冲洗至医疗救护；吸入应迅速脱离现场至空气新鲜处，保持呼吸道畅通，必要时人工呼吸，就医；误服者充分漱口、饮水，就医	
	疏散距离：紧急隔离至少 50 m；疏散至少 100 m	

10.4 易燃固体、自燃物品和遇湿易燃物品

10.4.1 硝化棉（硝化纤维素）

英文名：Nitrocellulose	分子式：$C_{12}H_{16}O_6(NO_3)_4$ 分子量：504.3	危险分类（4.1）：易燃固体
理化性质	易燃、易爆炸固体；白色或微黄色棉絮状的硝酸酯类，为纤维素与硝酸酯化反应的产物；溶于丙酮，危险程度根据硝化程度而定，当其含氮量在 12.5% 以上时遇火即燃，温度超过 40 ℃时，能加速分解而自燃；自燃点 170 ℃，闪点 12.78 ℃，遇到火星、高温、氧化剂以及大多数有机苯会发生燃烧和爆炸	
应急处置	个体防护：佩戴自吸过滤式防尘面具（全面罩），穿防静电工作服	
	安全评估：事故处置现场是否漏电、氧气含量等检测，侦检硝化棉（硝化纤维素）浓度、分布以及监测气象、水文等变化，关注自然灾害是否持续发生及发展趋势；建立隔离区、危险区、安全区；协助专业部门、人员开展应急处置工作；开展洗消清理工作；根据侦检结果提出事故处置措施与建议	
	火灾处置：需在有防爆掩蔽处操作，用水、雾状水、干粉、二氧化碳等灭火；在确保安全的前提下，将容器移离火场至空旷处；禁止用沙土压盖；尽可能远距离或使用遥控水枪或水炮扑救；筑堤收容消防污水以备处理，不得随意排放	
	泄漏处理：隔离泄漏污染区，限制无关人员、车辆出入；消除所有点火源；在确保安全的情况下，关阀、堵漏等，切断泄漏源；使用防爆通信工具；若泄漏物较少，使用无火花工具收集泄漏物于干燥、洁净、有盖的容器中，转移至安全场所，或在保证安全的情况下就地焚烧；若大量泄漏，收集回收或运至废弃物处理场所处理	
	救护：皮肤接触应立即脱去被污染的衣物，用流动清水彻底冲洗，就医；眼睛接触应立即提起眼睑，用流动清水或生理盐水彻底冲洗，就医；吸入应迅速脱离现场至空气新鲜处，保持呼吸道畅通，就医；食入饮足量水，催吐，就医	
	疏散距离：紧急隔离至少 50 m，大量泄漏时疏散至少 100 m	

10.4.2 黄磷（白磷）

英文名：Phosphorus white	分子式：P_4 分子量：123.90	危险分类（4.2）：自燃物品
理化性质	蒜臭味、暗处发淡绿色磷光、自燃、高毒、具刺激性、无色至黄色蜡状固体；不溶于水，微溶于苯、氯仿，易溶于二硫化碳；接触空气自燃和爆炸，浸没在水下与空气隔绝	
应急处置	个体防护：佩戴自给式正压式呼吸器，穿封闭式防护服	
	安全评估：漏电、氧气检测，侦检黄磷（白磷）浓度及其分布范围和气象变化，关注自然灾害是否持续发生及发展趋势；协助火灾、泄漏、爆炸等事故处置和进行救护等；开展洗消清理工作；评估安全状态并提出处置措施与建议	
	火灾处置：禁止用水和泡沫灭火，二氧化碳无效；用干燥石墨粉或其他干粉灭火；不得用高压水流驱散泄漏物料；在确保安全的前提下，将容器移离火场；用大量水冷却容器，直至火势扑灭	
	泄漏处理：隔离泄漏污染区，限制出入；切断火源，不要直接接触泄漏物；小量泄漏用沙土、干燥石灰或苏打灰混合，使用无火花工具收集于干燥、洁净、有盖的容器中，转移至安全场所；大量泄漏用塑料布、帆布覆盖	
	救护：皮肤接触立即脱去被污染的衣物，用流动清水彻底清洗至少 15 分钟，就医；眼睛接触立即提起眼睑，用流动清水或生理盐水彻底冲洗至少 15 分钟，就医；吸入迅速脱离现场至空气新鲜处，保持呼吸道畅通；如呼吸困难，输氧；如呼吸停止，立即人工呼吸，就医；食入饮足量温水，催吐，就医	
	疏散距离：紧急隔离至少 200 m；大泄漏疏散至少 500 m	

10.4.3 电石（碳化钙、乙炔钙）

英文名：Calcium carbide	分子式：CaC_2 分子量：64.10	危险分类（4.3）：遇湿易燃固体
理化性质	无色晶体，工业品为灰黑色块状物，断面为紫色或灰色；熔点 2300 ℃，相对密度 2.22；遇湿易燃，避免接触潮湿空气，干燥时不燃，遇水或湿气能迅速产生高度易燃的乙炔气体，在空气中达到一定的浓度时，可发生爆炸性危害；与酸类物质发生剧烈反应	
应急处置	个体防护：佩戴简易滤毒罐，穿简易防化服，戴防化手套，穿防化安全靴	
	安全评估：漏电、氧气检测，侦检事故现场电石浓度、分布以及监测气象变化，关注自然灾害是否持续发生及发展趋势；建立隔离区、危险区、安全区；协助专业人员开展处置工作；开展洗消工作；根据侦检结果提出事故处置措施与建议	
	火灾处置：用干粉、苏打灰、石灰或干沙等灭火，严禁用水或泡沫灭火；在确保安全的前提下，将容器移离火场；禁止将水注入容器	
	泄漏处理：消除所有点火源；在确保安全的情况下，关阀、堵漏等，切断泄漏源；严禁使用水；禁止接触或穿越泄漏物；用塑料布或帆布覆盖，以减少扩散，保持干燥	

表（续）

英文名：Calcium carbide	分子式：CaC_2　分子量：64.10	危险分类（4.3）：遇湿易燃固体
应急处置	救护：皮肤接触立即脱去被污染的衣物，用流动清水彻底冲洗皮肤，就医；眼睛接触应立即提起眼睑，用流动清水或生理盐水冲洗 10~15 分钟，就医；吸入应迅速脱离现场至空气新鲜处，保持呼吸道畅通，就医；食入饮足量温水，催吐，就医	
	疏散距离：污染范围不明的情况下，初始隔离至少 25 m，下风疏散至少 100 m；火场内如有储罐、槽车或罐车，隔离 800 m；在上风处停留；进入密闭空间之前必须先通风	

10.5 氧化性物质和有机过氧化物

硝酸铵（硝铵）

英文名：Ammonium nitrate	分子式：NH_4NO　分子量：80.043	危险分类（5.1）：氧化性物质
理化性质	不燃、无色斜方结晶或白色小颗粒状结晶，吸湿性强，易结晶；易溶于水且大量吸热，溶解度随温度升高迅速增加；高温会剧烈分解，甚至发生爆炸，产生有毒和腐蚀性气体；与易燃物、可燃物混合或急剧加热会发生爆炸	
应急处置	个体防护：佩戴全面罩防尘面具，穿简易防护服、安全靴，戴防护手套	
	安全评估：确认事故现场是否漏电、氧气含量是否正常，侦检硝酸铵事故现场浓度、分布及监测气象变化，关注自然灾害是否持续发生及发展趋势；协助专业人员、机构开展处置；开展洗消清理工作；提出事故处置措施与建议，如开展、中止救援行动建议	
	火灾处置：根据着火原因选择适当灭火剂灭火；在确保安全的前提下，将容器移离火场；勿开动处于火场中的车辆；尽可能远距离灭火或使用遥控水枪或水炮扑救，用大量水冷却容器，直至火势扑灭	
	泄漏处理：迅速撤离泄漏污染区人员到安全区，禁止无关人员进入污染区；在确保安全的情况下，关阀、堵漏等，切断泄漏源；未穿全身防护服时，禁止接触毁损容器或泄漏物；用洁净铲子收集泄漏物	
	救护：皮肤接触应立即脱去被污染的衣物，用清水冲洗，就医；眼睛接触应立即提起眼睑，用流动清水或生理盐水冲洗，就医；吸入应迅速脱离现场至空气新鲜处，保持呼吸道畅通；呼吸困难，给氧；呼吸停止，应立即人工呼吸，就医；食入，如患者清醒，催吐、洗胃，就医；维生素 C、亚甲蓝等为解毒剂	
	疏散距离：紧急隔离至少 25 m，下风疏散至少 100 m；火场内如有油罐、槽车或罐车，隔离 800 m	

10.6 毒性物质和感染性物质

10.6.1 苯酚（石炭酸）

英文名：Phenol	分子式：C_6H_6O　分子量：94.111	危险分类（6.1）：毒性物质
理化性质	无色或白色晶体，有特殊气味；在空气中及光线作用下变为粉红色甚至红色；室温下微溶于水，65 ℃以上能与水混溶；弱酸性，与强碱发生放热中和反应；与硝酸、浓硫酸、高锰酸钾、氯气等强氧化剂剧烈反应；能腐蚀部分塑料、橡胶和涂层，热苯酚能腐蚀铝、镁、铅和锌等金属	
应急处置	个体防护：佩戴全防型滤毒罐，穿封闭式防化服	
	安全评估：漏电、氧气检测，侦检事故现场苯酚（石炭酸）浓度、分布以及监测气象变化，关注自然灾害是否持续发生及发展趋势；协助开展专业处置工作；开展洗消工作；提出事故处置措施与建议，如开展、中止救援行动建议	
	火灾处置：用干粉、二氧化碳、雾状水、抗溶性泡沫等灭火；在确保安全的前提下，将容器移离火场；用大量水冷却容器，直至火势扑灭，禁止将水注入容器；容器突然发出异常声音或发生异常现象，立即撤离，切勿在储罐两端停留	
	泄漏处理：未穿全身防护时，禁止触及毁损容器或泄漏物；消除所有点火源；在确保安全的情况下，关阀、堵漏等，切断泄漏源；构筑围堤或挖沟槽收容泄漏物，防止气体进入下水道、水体、地下室或限制性空间；用雾状水溶解稀释挥发的蒸气，用抗溶性泡沫覆盖泄漏物，减少挥发，用沙土或其他不燃材料吸收泄漏物；如果泄漏物进入水中，沿河两岸警戒，严禁取水、用水、捕捞等	
	救护：皮肤接触应立即脱去被污染的衣物，用流动清水冲洗 15 分钟，再用浸过 30%～50%的酒精棉擦洗创面至无酚味为止，就医；眼睛接触应立即提起眼睑，用流动清水或生理盐水冲洗 10～15 分钟；吸入应迅速脱离现场至空气新鲜处，保持呼吸道畅通；如呼吸困难，输氧；呼吸、心跳停止，立即进行心肺复苏，就医；食入立即饮蓖麻油或其他植物油 15～30 mL，催吐，口服活性炭，导泻，就医	
	疏散距离：污染范围不明的情况下，初始隔离至少 25 m，下风疏散至少 100 m；如液体发生泄漏，初始隔离至少 50 m，下风疏散至少 300 m；火场内如有油罐、槽车或罐车，隔离 800 m	

10.6.2　苯胺（氨基苯、阿尼林油）

英文名：Aniline	分子式：C_6H_7N　分子量：93.127	危险分类（6.1）：毒性物质
理化性质	无色至淡黄色、强烈气味、有毒、易燃、微溶于水的液体；与碱金属或碱土金属反应放出氢气，暴露于空气或光照下易氧化变色，遇酸发生放热中和反应，腐蚀铜或铜合金；蒸气与空气形成爆炸性混合物，遇明火、高热燃烧爆炸，燃烧产生有毒刺激性气体；若遇高热，容器内压力增大，有开裂或爆炸危险	
应急处置	个体防护：佩戴全防型滤毒罐，穿封闭式防护服、安全靴，戴防护手套	
	安全评估：事故现场环境安全检测如漏电、氧气等，动态侦检苯胺事故现场浓度、分布以及监测气象变化，关注自然灾害是否持续发生及发展趋势；协助专业人员处置事故；开展洗消工作；依据侦检结果提出事故处置措施与建议	
	火灾处置：用干粉、二氧化碳、雾状水、抗溶性泡沫等灭火；在确保安全的前提下，将容器移离火场；储罐、公路/铁路槽车火灾，应远距离灭火或使用遥控水枪或水炮灭火；用大量水冷却设备或着火容器，直至火灾扑灭；容器突然发出异常声音或发生异常现象，立即撤离，切勿在储罐两端停留；筑堤收容消防污水以备处理，不得随意排放	
	泄漏处理：消除所有点火源；在确保安全的情况下，关阀、堵漏等，切断泄漏源；筑堤或挖沟槽收容泄漏物，防止进入下水道、水体、地下室或限制性空间；用沙土或其他不燃材料吸收泄漏物；如果储罐或槽车发生泄漏，可通过倒罐转移尚未泄漏的液体；泄漏到水体，沿河两岸警戒，严禁取水、用水、捕捞等；监测水体中污染物浓度，可用活性炭吸附泄漏于水体的苯胺	
	救护：皮肤接触应立即脱去被污染的衣物，用流动清水冲洗，就医；眼睛接触应立即提起眼睑，用流动清水或生理盐水彻底冲洗，就医；吸入应迅速脱离现场至空气新鲜处，保持呼吸道畅通；如呼吸困难，输氧；呼吸、心跳停止，应立即进行心肺复苏，就医；食入，饮足量温水、催吐，就医；解毒剂为静脉注射维生素C和亚甲蓝	
	疏散距离：紧急隔离至少100 m，下风疏散至少500 m；火场内如有油罐、槽车或罐车，隔离800 m	

10.7 腐蚀性物质

10.7.1 液氨（阿摩尼亚水、氢氧化铵）

英文名：Ammonia solution	分子式：NH_3 分子量：17.03	危险分类（8）：腐蚀性物质
理化性质	无色、不燃、有毒、具腐蚀性、致人体灼伤、刺激性的液体；受热发出有毒、可燃烟雾；氨溶液易分解出氨气，形成爆炸性氨气	
应急处置	个体防护：佩戴正压式空气呼吸器；穿内置式重型防护服；液氨处理时，穿防寒服	
	安全评估：漏电、氧气检测，侦检液氨浓度、分布及气象变化，关注自然灾害是否持续发生及发展趋势；确定隔离区、危险区、安全区；协助专业人员开展应急处置；开展洗消清理工作；评估安全状态并提出处置措施与建议，如中止、开展救援行动建议	
	火灾处置：液氨泄漏在上风灭火，切断气源；若不能切断气源，不能熄灭泄漏处火焰，喷水冷却容器，尽量将容器从火场移至空旷处；使用雾状水、抗溶性泡沫、二氧化碳、沙土等灭火	
	泄漏处理：迅速撤离污染区人员至安全区，严格限制出入；不要直接接触泄漏物，尽可能切断泄漏源；小量泄漏用沙土、蛭石或其他惰性材料吸收，也可以用大量水冲洗，稀释后排入废水系统；大量泄漏构筑围堤或挖坑收容，用泵转移至槽车或专用收集器，回收或运至废弃物处理场所处置	
	救护：皮肤接触立即脱去被污染的衣物，用2%硼酸液或清水彻底清洗，就医；眼睛接触应立即提起眼睑，用流动清水或生理盐水彻底冲洗至少15分钟，就医；吸入应迅速脱离现场至空气新鲜处，保持呼吸道畅通；如呼吸困难、输氧；如呼吸停止，立即人工呼吸，就医	
	疏散距离：小泄漏，紧急隔离30 m，非紧急隔离200 m；大泄漏，紧急隔离60 m，白天隔离500 m，夜晚隔离1100 m	

10.7.2 硫酸

英文名：Sulfuric acid	分子式：H_2SO_4 分子量：98.08	危险分类（8）：腐蚀性物质
理化性质	无色透明、无臭、助燃、具强腐蚀性、强刺激性、可致人体灼伤的油状液体；与水混溶；对皮肤、黏膜等组织有强烈的刺激和腐蚀作用；蒸气或雾可引起结膜炎、角膜浑浊	

表（续）

英文名：Sulfuric acid	分子式：H_2SO_4　分子量：98.08	危险分类（8）：腐蚀性物质
应急处置	个体防护：佩戴全防型自给正压式呼吸器，穿防酸碱防护服	
	安全评估：事故现场漏电、氧气检测，侦检硫酸浓度及其分布和气象变化并动态监测，关注自然灾害是否持续发生及发展趋势；协助开展应急处置，如火灾、泄漏、救护等；开展洗消清理工作；根据侦检结果评估安全状态并提出处置措施与建议	
	火灾处置：可根据着火原因选择适当灭火剂灭火；在确保安全的前提下，将容器移离火场；储罐、公路/铁路槽车火灾用大量水冷却容器，直至火灾扑灭；禁止将水注入容器，容器突然发出异常声音或发生异常现象，立即撤离，切勿在储罐两端停留	
	泄漏处理：迅速撤离污染区人员至安全区；不要直接接触泄漏物，尽可能切断泄漏源；小量泄漏用沙土、蛭石或其他惰性材料吸收，用碱性物质中和；大量泄漏构筑围堤或挖坑收容，运至废弃物处理场所处置	
	救护：皮肤接触立即脱去被污染的衣物，用流动清水彻底清洗至少15分钟，就医；眼睛接触应立即提起眼睑，用流动清水或生理盐水彻底冲洗至少15分钟，就医；吸入应迅速脱离现场至空气新鲜处，保持呼吸道畅通；如呼吸困难，输氧；如呼吸停止，立即人工呼吸，就医；食入用水漱口，饮牛奶或蛋清，就医	
	疏散距离：小泄漏，紧急隔离60 m，白天隔离200 m，夜晚隔离800 m；大泄漏，紧急隔离200 m，白天隔离600 m，夜晚隔离2900 m	

10.7.3　甲醛（福尔马林）

英文名：Formaldehyde，Formalin	分子式：CH_2O　分子量：30.03	危险分类（8）：腐蚀性物质
理化性质	无色具有刺激性和窒息性的气体，沸点-19.5℃，熔点-92℃，水溶液对碳钢有腐蚀性，蒸气无腐蚀性	
应急处置	个体防护：佩戴自给正压式呼吸器，穿全身隔离的防酸碱蒸气防护服	
	安全评估：检测事故现场是否漏电、氧气含量，侦检事故现场甲醛浓度及其分布、气象变化，关注自然灾害是否持续发生及发展趋势；确定隔离区、危险区、安全区；协助专业人员开展处置；开展洗消清理工作；评估安全状态并提出处置措施与建议，如中止、开展救援行动建议	

表(续)

英文名：Formaldehyde，Formalin	分子式：CH_2O　分子量：30.03	危险分类（8）：腐蚀性物质
应急处置	火灾处置：用雾状水、干粉、抗醇泡沫、CO_2等灭火；喷水冷却容器，如果泄漏甲醛尚未引燃，用雾状水驱散蒸气和保护堵漏人员；如泄漏甲醛已经引燃或被火场包围时，若无法阻断泄漏物流淌，则不能灭火，用雾状水稀释降低燃烧	
	泄漏处理：切断火源，从上风处进入事故现场，堵塞或切断泄漏源，不要接触或在泄漏物上走；小量泄漏用沙土或其他不燃物质吸收，使用清洁不产生火花的工具将其装入容器；大量泄漏构筑围堤或挖坑收容，再作处理；用水喷雾可减少蒸气，用泡沫覆盖，降低蒸气灾害；用防爆泵转移至槽车或专用收集器内，回收或运至废弃物处理场所处理	
	救护：皮肤接触立即脱去被污染的衣物，用流动清水彻底清洗至少 15 分钟；眼睛接触应立即提起眼睑，用流动清水或生理盐水彻底冲洗至少 15 分钟；吸入应迅速脱离现场至空气新鲜处，保持呼吸道畅通；如呼吸困难，输氧；如呼吸停止，立即人工呼吸，就医；食入用 1% 碘化钾灌胃洗胃，就医	
	疏散距离：紧急隔离至少 100 m；疏散至少 300 m	

10.7.4 烧碱（氢氧化钠、苛性钠、火碱）

英文名：Sodium hydroxide，Caustic soda	分子式：NaOH　分子量：40.01	危险分类（8）：腐蚀性物质
理化性质	稳定、易潮解、腐蚀性固体；吸收空气中的水分，生成碳酸钠；与许多有机或无机化合物发生剧烈或爆炸性反应，如强氧化剂、强酸、有机卤化物；腐蚀大部分金属，如铝、铅、锡等	
应急处置	个体防护：穿防护服，戴防护眼镜与手套	
	安全评估：事故现场环境安全检测如漏电、氧气等，侦检烧碱浓度及其分布、监测气象变化，关注自然灾害是否持续发生及发展趋势；划出隔离区、危险区、安全区；协助专业人员开展应急处置；开展洗消工作；评估事故现场安全状态并提出事故处置措施与建议，如中止、开展救援行动建议	
	火灾处置：用雾状水、二氧化碳、化学泡沫灭火；用大量水冷却容器，直至火势扑灭；若用水、沙土扑救，须防止物品遇水产生飞溅，造成灼伤；筑堤收容灭火污水以备处理，不得随意排放	
	泄漏处理：在确保安全的情况下，采取关阀、堵漏等措施，切断泄漏源；惰性材料收容，防止进入上下水道，小心地用稀酸中和氢氧化钠溶液（会产生热和烟）；用合适的容器收容后处理，用大量水小心冲刷泄漏区，经稀释的污水排入废水系统	

表(续)

英文名：Sodium hydroxide，Caustic soda	分子式：NaOH　分子量：40.01	危险分类（8）：腐蚀性物质
应急处置	救护：皮肤接触应立即脱去被污染的衣物，用流动清水冲洗至少15分钟，就医；眼睛接触应立即提起眼睑，用流动清水或生理盐水冲洗至少15分钟，就医；吸入应迅速脱离现场至空气新鲜处，保持呼吸道畅通；如呼吸困难，输氧；如呼吸停止，立即人工呼吸，就医；食入用水漱口，饮牛奶或蛋清，就医	
	疏散距离：紧急隔离至少50 m；疏散至少100 m	

10.7.5 氟化氢

英文名：Hydrogen fluoride	分子式：HF　分子量：20.008	危险分类（8）：腐蚀性物质
理化性质	无色有刺激性气味、有毒不燃气体，溶于水，生成氢氟酸并放出热量；能腐蚀玻璃及其他含硅物质，放出四氟化硅；与碱发生放热中和反应；沸点19.4 ℃，气体相对密度1.27；对呼吸道黏膜和皮肤有强烈的刺激和腐蚀作用，灼伤疼痛剧烈	
应急处置	个体防护：佩戴正压式空气呼吸器，穿内置式重型防护服，戴防护手套，穿防护安全靴	
	安全评估：事故现场是否漏电、氧气含量等检测，实时侦检氟化氢浓度、分布以及监测气象变化，关注自然灾害是否持续发生及发展趋势；建立隔离区、警戒区、安全区；协助专业人员进行应急处置如火灾、泄漏、爆炸等事故以及伤员救护；开展洗消清理工作；依据侦检结果提出处置措施与建议，如开展、中止救援行动建议	
	火灾处置：根据着火原因选择适当灭火剂灭火；在确保安全的前提下，将容器移离火场；用大量水冷却设备或着火容器，直至火势扑灭；容器突然发出异常声音或发生异常现象，立即撤离；毁损钢瓶由专业人员处置	
	泄漏处理：迅速撤离泄漏污染区人员到安全区，禁止无关人员进入污染区，隔离泄漏区直至气体散尽；在确保安全的情况下，关阀、堵漏等，切断泄漏源；防止气体进入下水道、水体、地下室或限制性空间；喷雾状水溶解、稀释泄漏气体，禁止用水直接冲击泄漏物或泄漏源	
	救护：皮肤接触应立即脱去被污染的衣物，用流动清水冲洗，继续用2%~5%碳酸氢钠冲洗，然后用10%氯化钙液湿敷，就医；眼睛接触应立即提起眼睑，用流动清水或生理盐水、3%碳酸氢钠、氯化镁彻底冲洗10~15分钟，就医；吸入应迅速脱离现场至空气新鲜处，保持呼吸道畅通；如呼吸困难，输氧；呼吸、心跳停止，应立即进行心肺复苏，就医	
	疏散距离：紧急隔离至少500 m，下风疏散至少1500 m；火场内如有油罐、槽车或罐车，隔离1600 m	

10.7.6 磷酸

英文名：Phosphoric	分子式：H_3PO_4 分子量：98	危险分类（8）：腐蚀性物质
理化性质	纯磷酸为无色结晶，无臭、具酸味；熔点 42.4 ℃、沸点 260 ℃；与水混溶，可混溶于乙醇；燃烧（分解）产物为氧化磷，急性毒性	
应急处置	个体防护：佩戴自吸过滤式防毒面具（半面罩），戴防护眼镜与橡胶耐酸碱手套，穿橡胶耐酸碱服	
	安全评估：磷酸事故现场漏电、氧气检测，侦检磷酸浓度、分布以及监测气象变化，关注自然灾害是否持续发生及发展趋势；协助专业人员处置火灾、泄漏、爆炸、救护等；开展洗消清理工作；依据侦检结果评估事故现场安全状态并提出处置措施与建议	
	火灾处置：用大量水冷却容器，直至火势扑灭；容器突然发出异常声音或发生异常现象，立即撤离，切勿在储罐两端停留；远离易燃、可燃物，避免产生粉尘，避免与碱类、活性金属粉末接触	
	泄漏处理：在确保安全的情况下，关阀、堵漏，切断泄漏源，不要直接接触泄漏物；小量泄漏，用洁净的铲子收集于干燥、洁净、有盖容器中，或用干沙土、其他不燃材料吸收泄漏物，以及用石灰、石灰石或碳酸氢钠中和泄漏物；大量泄漏，筑堤或挖槽收容泄漏物，然后收集回收或运至废弃物处理场所处置	
	救护：皮肤接触应立即脱去被污染的衣物，用流动清水冲洗至少 15 分钟，就医；眼睛接触应立即提起眼睑，用流动清水或生理盐水冲洗至医疗救护；吸入应迅速脱离现场至空气新鲜处，保持呼吸道畅通，必要时人工呼吸，就医；食入用水漱口，给饮牛奶或蛋清，就医	
	疏散距离：紧急隔离至少 100 m；疏散至少 800 m	

10.7.7 乙酸（醋酸、冰醋酸）

英文名：Acetic acid	分子式：$C_2H_4O_2$ 分子量：60.05	危险分类（8）：腐蚀性物质
理化性质	无色透明液体或结晶，有刺激性气味；溶于水；与碱发生放热中和反应；具有较高的腐蚀性和极强的挥发性；熔点 16.7 ℃，沸点 118.1 ℃，相对密度 1.05，闪点 39 ℃，爆炸极限 4.0%～17.0%	

表（续）

英文名：Acetic acid	分子式：$C_2H_4O_2$　分子量：60.05	危险分类（8）：腐蚀性物质
应急处置	个体防护：佩戴全防型滤毒罐，穿封闭式防化服 安全评估：漏电、氧气检测，侦检事故现场乙酸（醋酸、冰醋酸）浓度、分布以及监测气象、水文等变化，关注自然灾害是否持续发生及发展趋势；建立隔离区、危险区、安全区；协助专业部门、人员开展应急处置工作；开展洗消清理工作；根据侦检结果提出事故应急处置措施与建议 火灾处置：用干粉、二氧化碳、雾状水、抗溶性泡沫等灭火；在确保安全的前提下，将容器移离火场；用大量水冷却设备或着火容器，直至火势扑灭；尽可能远距离或使用遥控水枪或水炮扑救；筑堤收容消防污水以备处理，不得随意排放；容器突然发出异常声音或发生异常现象，立即撤离，切勿在储罐两端停留 泄漏处理：消除所有点火源；在确保安全的情况下，关阀、堵漏等，切断泄漏源；使用防爆通信工具，作业时所有设备应接地；禁止接触或跨越泄漏物；构筑围堤或挖槽收容泄漏物，防止进入水体、下水道、地下室或限制性空间；用雾状水稀释时，注意收集、处理产生的废水；可以用石灰、苏打灰或碳酸氢钠中和泄漏物；如果储罐发生泄漏，通过倒罐转移尚未泄漏的液体；如泄漏到水体，监测水体中污染物的浓度，沿河两岸警戒，严禁取水、用水、捕捞等 救护：皮肤接触应立即脱去被污染的衣物，用流动清水彻底冲洗 20~30 分钟，就医；眼睛接触应立即提起眼睑，用流动清水或生理盐水冲洗 10~15 分钟，就医；吸入应迅速脱离现场至空气新鲜处，保持呼吸道畅通；如呼吸困难，输氧；呼吸、心跳停止，立即进行心肺复苏，就医；食入用水漱口，饮牛奶或蛋清，就医 疏散距离：污染范围不明的情况下，初始隔离至少 300 m，下风疏散至少 1000 m；火场内如有储罐、槽车或罐车，隔离 800 m；切勿进入低洼处，进入密闭空间之前必须先通风	

10.7.8 盐酸（氢氯酸）

英文名：Chloran	分子式：HCl　分子量 36.5	危险分类（8）：腐蚀性物质
理化性质	无色或浅黄色透明液体，有刺鼻的酸味，具有较高的腐蚀性和极强的挥发性；工业品含氯化氢≥31%，在空气中发烟；与水混溶，与碱发生放热中和反应；沸点 108.58℃（20.22%），相对密度 1.10（20%）、1.15（29.57%）、1.20（39.11%）	

表（续）

英文名：Chloran	分子式：HCl　分子量 36.5	危险分类（8）：腐蚀性物质
应急处置	个体防护：佩戴全防型滤毒罐，穿封闭式防化服	
	安全评估：检测盐酸事故现场漏电、氧气，侦检事故现场盐酸浓度、分布以及监测气象变化，关注自然灾害是否持续发生及发展趋势；建立隔离区、危险区、安全区；协助专业部门、人员开展应急处置工作；开展洗消清理工作；根据侦检结果提出事故处置措施与建议	
	火灾处置：本品不燃，根据着火原因选择适当灭火剂灭火；在确保安全的前提下，将容器移离火场；用大量水冷却设备或着火容器，直至火势扑灭；容器突然发出异常声音或发生异常现象，立即撤离，切勿在储罐两端停留	
	泄漏处理：在确保安全的情况下，关阀、堵漏等，切断泄漏源；构筑围堤或挖槽收容泄漏物，防止进入水体、下水道、地下室或限制性空间；用雾状水稀释时，注意收集、处理产生的废水；可以用石灰、苏打灰或碳酸氢钠中和泄漏物；如果储罐或槽车发生泄漏，通过倒罐转移尚未泄漏的液体；如泄漏到水体，监测水体中污染物的浓度，沿河两岸警戒，严禁取水、用水、捕捞等	
	救护：皮肤接触应立即脱去被污染的衣物，用流动清水彻底冲洗 20~30 分钟，就医；眼睛接触应立即提起眼睑，用流动清水或生理盐水冲洗 10~15 分钟，就医；吸入应迅速脱离现场至空气新鲜处，保持呼吸道畅通；如呼吸困难，输氧；呼吸、心跳停止，立即进行心肺复苏，就医；食入用水漱口，饮牛奶或蛋清，就医	
	疏散距离：污染范围不明的情况下，初始隔离至少 300 m，下风疏散至少 1000 m；火场内如有储罐、槽车或罐车，隔离 800 m；切勿进入低洼处，加强通风	

参 考 文 献

[1] 中华人民共和国第十三届全国人民代表大会常务委员会．中华人民共和国消防法（中华人民共和国主席令第 81 号）[S]. 北京：中国法制出版社，2021.

[2] 中华人民共和国第十一届全国人民代表大会常务委员会．中华人民共和国防震减灾法（中华人民共和国主席令第 7 号）[S]. 北京：法律出版社，2009.

[3] 中华人民共和国国家质量监督检验检疫总局，中国国家标准化管理委员会．自然灾害分类与代码：GT/T 28921—2012 [S]. 北京：中国标准出版社，2013.

[4] 中华人民共和国应急管理部，中华人民共和国工业和信息化部，中华人民共和国公安部，中华人民共和国生态环境部，中华人民共和国交通运输部，中华人民共和国农业农村部，中华人民共和国国家卫生健康委员会，国家市场监督管理总局，国家铁路局，中国民用航空局．危险化学品目录（2022 年）[R/OL].（2022-10-13）[2023-07-15]. https：//www. cup. edu. cn/gyzcglc/docs/2023-09/d8da4070952a4c8481cb051f8c2ec24b. pdf.

[5] 中华人民共和国国家质量监督检验检疫总局，中国国家标准化管理委员会．危险货物分类和品名编号：GB6944—2012 [S]. 北京：中国标准出版社，2012.

[6] 国家市场监督管理总局，中国国家标准化管理委员会．危险化学品重大危险源辨识：GB 18218—2018 [S]. 北京：中国标准出版社，2018.

[7] 国家市场监督管理总局，中国国家标准化管理委员会．危险化学品生产装置和储存设施风险基准：GB 36894—2018 [S]. 北京：中国标准出版社，2018.

[8] 国家安全生产监督管理总局．化学防护服的选择、使用和维护：AQ/T6107—2008 [S]. 北京：煤炭工业出版社，2009.

[9] 中华人民共和国国家质量监督检验检疫管理总局，中国国家标准化管理委员会．危险化学品单位应急救援物资配备要求：GB30077—2013 [S]. 北京：中国质检出版社，2014.

[10] 国家安全生产监督管理总局．危险化学品重大危险源监督管理暂行规定（国家安全生产监督管理总局令第 40 号）[R/OL].（2011-09-13）[2023-08-08]. https：//www. gov. cn/zhengce/2011-09/13/content_2603422. htm.

[11] 国家环境保护局．核辐射环境质量评价一般规定：GB 11215—1989 [S]. 北京：中国标准出版社，1990.

[12] 国家环境保护总局．关于发布放射源分类办法的公告（国家环境保护总局公告 2005 年第 62 号）[S/OL].（2006-01-18）[2023-09-10]. https：//sthjt. yn. gov. cn/fsgl/fsglxgwj/200601/t20060118_12567. html.

[13] 中国地震局震灾应急救援司．国际搜索与救援指南和方法 [M]. 北京：地震出版社，2014.

[14] 联合国人道主义事务协调办公室现场协调支持部门．. INSAR 国际搜索与救援指南 [M]. 中国地震局震灾应急救援司，译．北京：科学出版社，2017.

[15] 国家安全生产监督管理总局．危险化学品从业单位安全标准化通用规范：AQ 3013—2008 [S]. 北京：化学工业出版社，2009.

[16] 公安部消防局．危险化学品事故处置应知应会手册［EB/OL］．（2015-11-01）［2023-03-04］．https：//www. sohu. com/a/298938419_99938651.

[17] 张海峰．常用危险化学品应急速查手册［M］．2版．北京：中国石化出版社，2009.

[18] 步兵，王巍巍．安全评估在实践中的思考地震救援现场［J］．减灾纵横．2018，71（5）：35-38.

[19] 靳江红，赵寿堂，胡玢．国内外危险化学品安全评价现状［J］．安全，2003（2）：44-45.

[20] 陆明勇，赵晓霞，张平法，等．自然灾害救援现场危险化学品安全评估手册［M］．北京：应急管理出版社，2024.

[21] 陆明勇，赵晓霞，韩珂，等．分析灾害现场特征提升救援行动效率［J］．中国减灾，2023（9）：51-53.

[22] 陆明勇，赵晓霞，景鹏旭，等．自然灾害救援现场危险化学品事故危害及产生原因的探讨［J］．防灾减灾学报，2024，40（1）：55-60+73.

[23] 赵铁锤．危险化学品安全评价［M］．北京：中国石化出版社，2003.

[24] 王凯全，邵辉，袁雄军．危险化学品安全评价方法［M］．北京：中国石化出版社，2005.

[25] 方文林．危险化学品应急处置［M］．北京：中国石化出版社，2016.

[26] 王恩福，黄宝森．地震灾害紧急救援手册［M］．北京：地震出版社，2011.

[27] 苗崇刚，赵明，陶裕禄．伊兹米特地震灾害及震后应急救灾［J］．国际地震动态，2000（1）：28-35.

[28] 盖程程，翁文国，袁宏永．Natech 事件风险评估研究进展［J］．灾害学，2011，26（2）：125-129.

[29] 卞小燕．驻站记者如何应对突发事件报道：“6·23”盐城特大龙卷风冰雹灾害抢险救灾报道心得［J］．中国记者，2016（10）：87-89.

[30] 吕辰．地震影响下危化品储罐及罐区综合风险量化模型研究［D］．北京：中国矿业大学（北京），2018.

[31] Cruz A M. Krausmann E. Hazardous-material releases from off shore oil and gas facilities and emergency response following Hurricanes Katrina and Rita［J］. Journal of Loss Prevention in the Process Industries，2009，22（1）：59-65.

[32] 马海关，刘付程，孟耀斌．地震引发环境灾害风险示例研究：以连云港市化工园区为研究区域［J］．淮海工学院学报（自然科学版），2018，27（3）：49-54.

[33] 陈明．迅速控制次生突发环境事件确保自然灾害期间饮水安全［J］．环境教育，2009（6）：64-67.

[34] RolandFendler. Floods and safety of establishments and installations containing hazardous substances［J］. Natural Hazards，2008（46）：257-263.

[35] 张馨仪．洪水诱发输油管道泄漏事故风险分析与应急资源决策研究［D］．北京：北京石油化工学院，2022.

[36] 北京市市场监督管理局．专业应急救援队伍能力建设规范　危险化学品：DB11/T 1908—2021（北京市地方标准）［R/OL］．（2021-12-28）［2023-06-08］．http：//bzh. scjgj. beijing. gov. cn/

bzh/apifile/file/2022/20220207/a4158feb-8ac5-4b71-ad92-0af7e92f0215. pdf.

[37] 天津市市场和质量监督管理委员会．危险化学品应急救援队训练及考核要求：DB12/T 626—2016（天津市地方标准）[R/OL].（2016-04-20）[2023-06-09]. https：//yjgl. tj. gov. cn/ZW-FW5050/BZ2939/DFBZ7510/202007/W020200729641416947547. pdf.

[38] 国家安全生产监督管理总局．危险化学品应急救援管理人员培训及考核要求：AQ/T 3043—2013 [S]. 北京：煤炭工业出版社，2014.

[39] 苏欣，袁宗明，王维，等．层次分析法在油库安全评价中的应用 [J]. 天然气与石油，2006，24（1）：1-4.

[40] 陈家强．危险化学品泄漏事故及其处置 [J]. 化工标准·计量·质量，2005，44（5）：32-35.

[41] 于凤存，方国华，高玉琴．城市水源地突发性水污染事故思考 [J]. 灾害学，2007，22（4）：104-108.

[42] 孟凯．重大危险源评估 [D]. 沈阳：东北大学，2008.

[43] 张子为．城市区域危险化学品事故风险评价方法及应用研究 [D]. 廊坊：华北科技学院，2020.

[44] 应急管理部化学品登记中心．危险化学品事故应急处置与救援 [M]. 北京：应急管理出版社，2020.

[45] 张洁风．不同风险基准下危险化学品新建项目外部安全防护距离符合性分析 [J]. 河南科技，2019（11）：137-141.

[46] 王立宇．化学品作业职业病防护用品选用探讨 [J]. 现代职业安全，2018（11）：94-97.

[47] 周宏．危险化学品事故应急救援人员个人防护装备技术研究 [J]. 中国个体防护装备，2015（5）：5-8.

[48] 詹姆斯．蔡格勒，宁丙文．美国危险化学品应急人员培训方法与防护标准 [J]. 劳动保护，2013（9）：24-26.

[49] 世界卫生组织．由自然灾害事件和灾害引起的化学品泄漏（2019）.

[50] Krausmann E，Cruz AM，Salzano E. Natechriskassessment and management（reducing the risk ofnatural-hazard impact on hazardous installations）[M]. Amsterdam：Elsevier，2017.

[51] Krausmann E，Renni E，Campedel M，Cozzaniv. Industrial accidents triggered by earthquakes，floods and lightning：lessons learned from adatabase analysis [J]. Natural Hazards，2011（59）：285-300.

[52] Girgin S. The Natech events during the 17 August 1999 Kocaeli earthquake：aftermath and lessons learned [J]. Natural Hazards and Earth System Sciences，2011（11）：1129-1140. .

[53] Chour V. August 2002 flood events in the Czech Republic-Some evidence on the extent of pollution diffusedduring the flood，2003 [C]，Dublin，Diffuse Pollution Conference.

[54] Cozzani V，Campedel M，Renni E and Krausmann E. Industrial accidents triggered by flood events：analysis of past accidents [J]. Journal of Hazardous Materials，2010（175）：501-509.

[55] Euripidou E，Murray V. Public health impacts of floodsand chemical contamination [J]. Journal of Public Health，2004，26（4）：376-383.

[56] RenniE，KrausmannE，CozzaniV. Industrialaccidents triggered by lightning [J]. Journal of Hazard-

ousMaterials，2010（184）：42-48.
[57] Cruz A，Steinberg L，Luna R. Identifying hurricane- induced hazardous material release scenarios in a petroleum refinery [J]. Natural Hazards Review，2001，2（4）：203-210.
[58] Bridgman，Stephen A. Lessons learnt from afactory fire with asbestos-containing fallout [J]. Journal of Public Health，1999，21（2）：158-165.
[59] Krausmann E，Cozzani V，Salzano E，Renni E. Industrial accidents triggered by natural hazards：an emerging risk issue [J]. Natural Hazards andEarth System Sciences，2011（11）：921-929.
[60] 国家气候中心. 2008年初我国南方低温雨雪冰冻灾害及气候分析 [M]. 北京：气象出版社，2008.
[61] 国务院灾害调查组. 河南郑州“7·20”特大暴雨灾害调查报告 [R/OL].（2022-01-21）[2023-09-16]. https：//www. mem. gov. cn/gk/sgcc/tbzdsgdcbg/202201/P020220121639049697767. pdf.
[62] 贾亦祯. 危险化学品事故应急救援处置研究 [J]. 水上消防，2020（5）：30-34.
[63] 国家安全生产应急救援中心. 典型危险化学品应急处置指导手册 [M]. 北京：中国石化出版社，2023.
[64] 张广泉. 风险交织叠加防范刻不容缓：近年我国自然灾害特点及其影响分析 [J]. 中国应急管理，2020（7）：14-15.
[65] 覃建，由淑明. 深圳“5·7”重大滑坡险情处置实践与启示 [J]. 水利水电快报，2018，39（6）：49-51.
[66] 王毅，张晓美，周宁芳，等. 1990—2019年全球气象水文灾害演变特征 [J]. 大气科学学报，2021，44（4）：496-506.
[67] 中华人民共和国国家卫生健康委员会. 工作场所有害因素职业接触限值第1部分：化学有害因素：GBZ 2. 1—2019 [S]. 北京：中国计划出版社，2019.
[68] 中华人民共和国卫生部. 工作场所有害因素职业接触限值　第2部分：物理因素：GBZ 2. 2—2007 [S]. 北京：人民卫生出版社，2008.
[69] 中华人民共和国卫生部. 职业性接触毒物危害程度分级：GBZ 230—2010 [S]. 北京：中国标准出版社，2010.
[70] 中华人民共和国卫生部. 工业企业设计卫生标准：GBZ 1—2010 [S]. 北京：人民卫生出版社，2010.
[71] 中华人民共和国卫生部. 工作场所有毒气体检测报警装置设置规范：GBZ/T 223—2009 [S]. 北京：人民卫生出版社，2010.
[72] 黄远东，杨志强，许冲. 灾害造成的人类损失（2000—2019）[J]. 中国应急管理，2023（8）：46-51.
[73] 中华人民共和国国家质量监督检验检疫总局，中国国家标准化管理委员会. 地震灾害紧急救援队伍救援行动　第1部分：基本要求：GB/T 29428. 1—2012 [S]. 北京：中国标准出版社，2013.
[74] 孙万付. 危险化学品应急处置手册 [M]. 2版. 北京：中国石化出版社，2019.